图1　白色花椰菜

图2　橙色花椰菜

图3　紫色花椰菜

图4　绿菜花

图5　黄色菜花

图6　黄色菜花

图 7　乳白色花椰菜

图 8　穴盘育苗 —— 播种

图 9　幼苗子叶期

图 10　花椰菜温室穴盘育苗

图 11　温室床土育苗

图 12　花椰菜 —— 幼苗期

图 13　花椰菜病毒病

图 14　花椰菜猝倒病

图 15　花椰菜黑腐病

图 16　花椰菜缺氮：植株矮小，叶小，叶柄细长，叶片淡绿，老叶黄化或显橙色或红色

图 17　花椰菜缺钙，新叶前端和边缘黄化，花球发育受阻

图 18　花椰菜缺钾，叶尖叶缘黄化焦枯

图 19　花椰菜缺磷，花球小，色泽灰暗，叶缘紫色

图 20　花椰菜缺镁从下部叶开始，脉间失绿黄化

图 21　花椰菜缺钼，叶片卷曲呈杯状（左），严重时，叶片呈鞭尾状，叶尖和叶缘部分坏死（右）

图 22　花椰菜缺硼，茎叶发生木栓化斑块或开裂

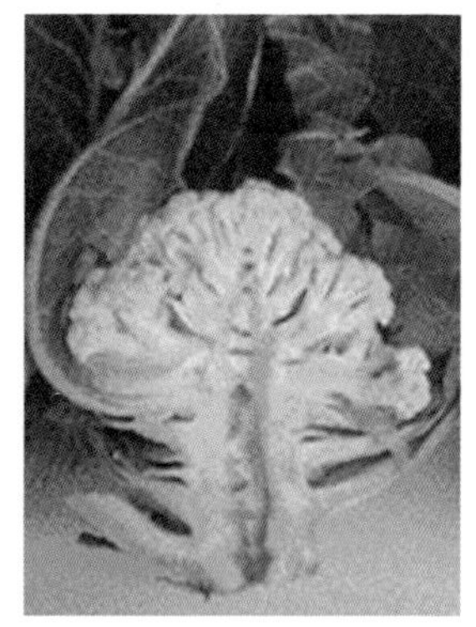

图 23　花椰菜缺硼，茎叶发生木栓化斑块或开裂（左），花茎中空（右）

图 24　花椰菜缺铁，幼叶黄化，仅叶脉保持绿色

图 25　花椰菜缺铜，发育差，无花头

图 26　花椰菜软腐病

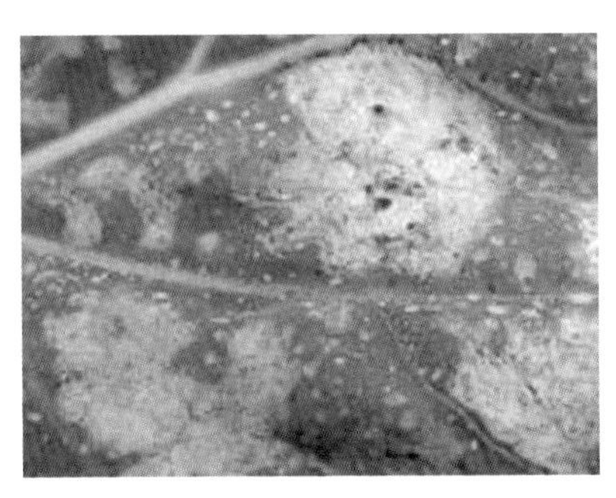

图 27　花椰菜霜霉病

图 28　健壮壮苗

图 29　绿菜花产品 1

图 30　绿菜花产品 2

图 31　速冻绿菜花

图 32　绿菜花田间生长状

图 33　绿菜花种植基地

图 34　绿菜花花蕾

·科学种菜致富问答丛书·

花椰菜、绿菜花高产栽培关键技术问答

HUAYECAI LÜCAIHUA GAOCHAN ZAIPEI GUANJIAN JISHU WENDA

张彦萍　刘海河　主编

化学工业出版社

·北京·

内 容 简 介

本书以问答的形式，详细、系统地介绍了花椰菜、绿菜花高产高效栽培的各项关键技术，包括花椰菜、绿菜花安全生产设施，栽培基础知识，类型及栽培品种，育苗技术，安全优质高产栽培技术，产品质量标准与认证，主要病虫害诊断及防治，采后标准化处理及贮藏保鲜等。

全书语言简洁、通俗易懂，技术先进实用、可操作性强，同时还配以彩色插图，非常直观。本书适合蔬菜企业技术人员、专业菜农、农技推广人员等阅读参考，也可作为新型农民职业技能培训的良好教材。

图书在版编目（CIP）数据

花椰菜、绿菜花高产栽培关键技术问答/张彦萍，刘海河主编．—北京：化学工业出版社，2020.11
（科学种菜致富问答丛书）
ISBN 978-7-122-37578-0

Ⅰ.①花… Ⅱ.①张…②刘… Ⅲ.①花椰菜-高产栽培-问题解答 Ⅳ.①S635.3-44

中国版本图书馆 CIP 数据核字（2020）第 155589 号

责任编辑：邵桂林　　文字编辑：白华霞
责任校对：王　静　　装帧设计：韩　飞

出版发行：化学工业出版社
（北京市东城区青年湖南街 13 号　邮政编码 100011）
印　　刷：北京京华铭诚工贸有限公司
装　　订：三河市振勇印装有限公司
850mm×1168mm　1/32　印张 7　彩插 3　字数 124 千字
2021 年 4 月北京第 1 版第 1 次印刷

购书咨询：010-64518888　　售后服务：010-64518899
网　　址：http://www.cip.com.cn
凡购买本书，如有缺损质量问题，本社销售中心负责调换。

定　　价：39.80 元

本书编写人员名单

主　　编　张彦萍　刘海河

副 主 编　牛伟涛　曹菲菲

编　　者　（按姓氏汉语拼音排序）

曹菲菲　陈倩云　刘海河　李　田

牛伟涛　谢　彬　左彬彬　张彦萍

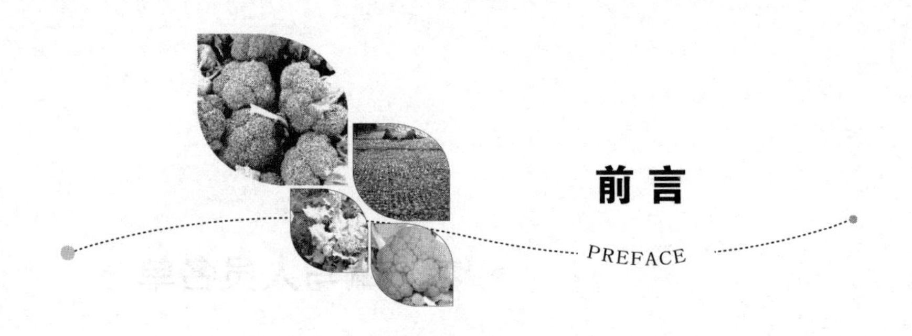

前言

PREFACE

蔬菜是人们日常生活中不可缺少的佐餐食品，是人体重要的营养来源。蔬菜产业是种植业中最具竞争优势的主导产业，已成为种植业的第二大产业，仅次于粮食产业。有些省份如山东省，蔬菜产业占种植业的第一位，是农民脱贫致富的重要支柱产业，在保障市场供应、增加农民收入等方面发挥了重要作用。

近年来，中国蔬菜产业迅速发展的同时，仍存在因价格波动较大、生产技术落后及产品附加值偏低等造成的菜农收益不稳定等问题。蔬菜绿色高效生产新品种、新技术、新材料、新模式等不断加大科技创新及技术集成，使主要蔬菜的科技含量不断提高。我们在总结多年来一线工作的经验以及当地和全国其他地区主要蔬菜在栽培管理、栽培模式、病虫害防治等方面新技术的基础上，组织河北农业大学、河北省蔬菜产业体系（HB2018030202）和生产一线多位教授、专家编写了《科学种菜致富问答丛书》。

《花椰菜、绿菜花高产栽培关键技术问答》是丛书中的一个分册。本书分两篇共十九章，通过150余个问答比较详细地介绍了花椰菜和绿菜花的生物学特性、安全生产设施、栽培基础知识、类型及栽培品种、育苗技术、安全优质高产栽培技术、产品质量标准与认证、主要病虫害诊断及防治、采后标准化处理及贮藏保鲜等。我们希望通过本书能为进一步提高花椰菜、绿菜花安全优质高效栽培技术水平，普及推广花椰菜、绿菜花生产新技术，帮助广大专业户和专业技术人员解决一些生产上的实际问题做出贡献。

本书在编写过程中参阅和借鉴了有关书刊中的资料文献，在此向原作者表示诚挚的谢意。

本书注重理论和实践相结合，突出实用性和可操作性。书中文前附有彩图，可帮助读者比较直观地理解书中的内容。

由于编者水平所限，书中难免出现不当之处，谨请广大读者不吝批评指正。

编者

2021 年 1 月

目录

CONTENTS

第一篇　花椰菜安全优质高效栽培关键技术问答

第一章　花椰菜生物学特性

第二章 花椰菜类型与主要品种

第三章 花椰菜周年安全生产主要设施

第四章　育苗技术

第五章　花椰菜栽培制度

第六章　花椰菜保护地栽培技术

第七章　花椰菜露地栽培技术

第八章　生产中经常出现的问题和预防措施

第九章　花椰菜病虫害防治

第十章　花椰菜贮藏与加工技术

第十一章　花椰菜采种技术

第二篇　绿菜花优质高效栽培技术问答

第一章　生物学特性

第二章 品种类型与主要品种

第三章 育苗技术

第四章 绿菜花保护地栽培技术

第五章　绿菜花露地栽培技术

第六章　绿菜花生产中经常出现的问题和防治措施

第七章　绿菜花病虫害防治

第八章　绿菜花贮藏与加工技术

参考文献

· 第一篇 ·

花椰菜安全优质高效栽培关键技术问答

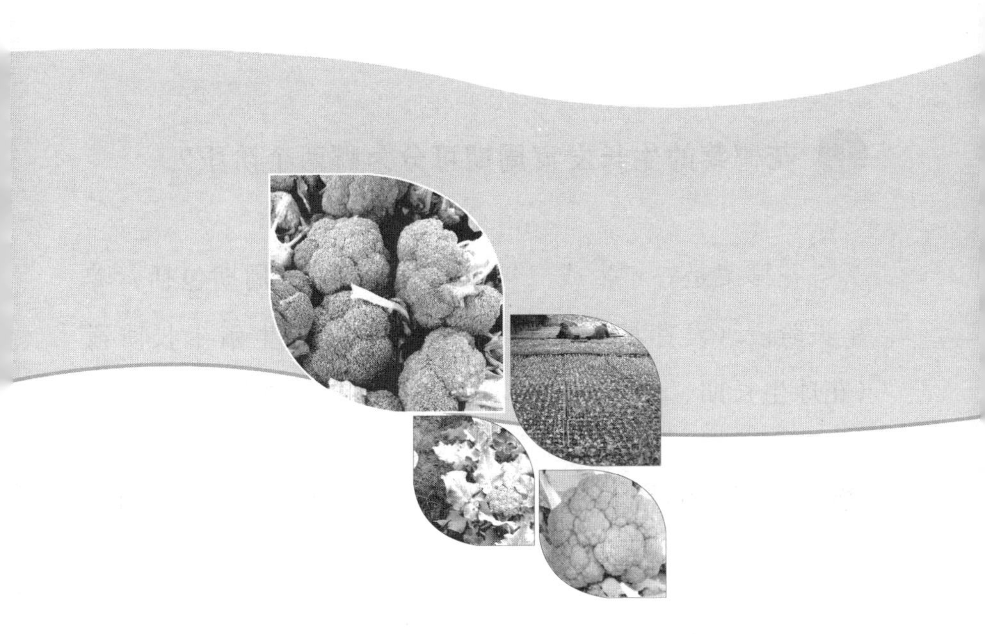

第一章

花椰菜生物学特性

1. 花椰菜的生长发育周期可分为哪两个阶段？

花椰菜是一年生或二年生植物，其生育周期包括营养生长阶段（发芽期、幼苗期和莲座期）和生殖生长阶段（花球生长期、抽薹期、开花期和结荚期）两个阶段。

2. 花椰菜的营养生长时期分为哪些时期？各有什么特点？

花椰菜的营养生长时期分为以下三个阶段：

（1）发芽期　是从种子萌动、子叶展开至真叶显露的时期。这一时期的适温为 20～25℃。所需时间，春、夏、秋季8～15天，冬季15～20天。由于种子萌芽到长出子叶主要靠种子自身储藏的养分，因此，饱满的种子和精细的育苗床是保证出好苗的重要条件。

（2）幼苗期 是从第一片真叶显露到第一个叶环（5～7片）真叶展开的阶段，需20～30天。生长适温为15～25℃。为培育壮苗，要因地制宜进行田间管理，特别是要控制温、湿度，以防幼苗徒长。

（3）莲座期 是从第一叶序展开到莲座叶全部展开的时期。花椰菜在莲座期结束时主茎顶端发生花芽分化，出现花球。这一时期适温为15～20℃。所需时间，早熟品种约20天，中熟品种约40天，晚熟品种则需70～80天。

3. 花椰菜的生殖生长时期分为哪些时期？各有什么特点？

花椰菜的生殖生长时期可分为以下几个时期：

（1）花球生长期 自花球开始发育（花芽分化）至花球生长充实适于商品采收时止。此期花薹、花枝短缩与花蕾聚合为储藏营养的器官，形成洁白而肥嫩的花球。花球生长期的长短依品种及气候条件而异，一般需20～50天。适温为14～18℃，25℃以上花球形成受阻。早熟品种发育快，且天气温暖，花球生长期短；中、晚熟品种发育慢，且天气冷凉，花球生长期长。自定植到花球采收，极早熟品种需40～50天，早熟品种在70天以内，中熟品种在70～90天，晚熟品种则在100天以上。

（2）抽薹期 从花球边缘开始松散、花茎伸长到初花为抽薹期，这一时期的适宜温度为15～20℃，需10天左右。

（3）开花期 由始花到终花为开花期。每一花序上的花由下向上开放，一个花序上每天开放的花朵数因天气状况而有差异，阴雨天每天可开放1～3朵，晴天可开放4～5朵；每朵花可开放2～3天。开花期的适宜温度为15～20℃，每个植株的开花期为20～30天，一个群体的开花期约为40～50天。

（4）结荚期 从花谢到种角黄熟、种子成熟为结荚期。这一时期，果实与种子迅速生长，适温为15～30℃，时间需20～40天。

4. 花椰菜的生长发育动态情况怎样？

花椰菜发芽后，首先增加叶片数，每10日约增加5片，从花芽分化前10天到花芽形成期间分化的叶片最多。花芽分化后茎叶开始急剧生长，同时根群也迅速发育，根重显著增加。当花蕾的发育开始显著加快时，根群活动开始减弱。从花椰菜商品花球采收前的各生育阶段的生长量的比较可以看出，花芽分化前的茎叶生长量占全株生长量的17％，此期为发芽期和幼苗期；从花芽分化到花蕾出现占56％，此期为莲座期；从花蕾出现到商品花球收获占27％（图1-1）。可见花蕾出现期是生长最旺盛的时期。

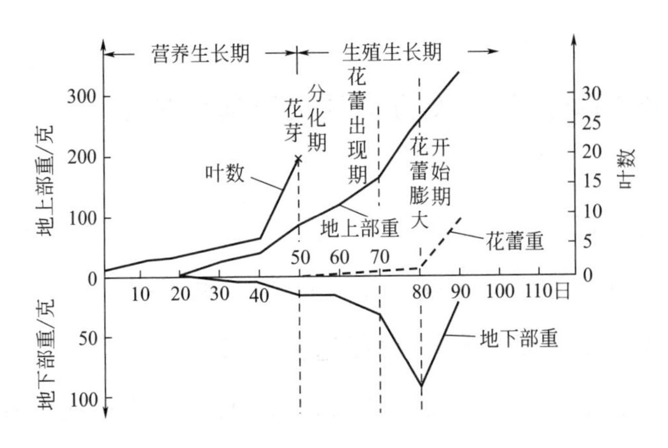

图1-1 花椰菜（野崎早生）的发育过程

注：用每隔10天的增加量表示。从8月28日开始用发芽种子砂培

在幼苗期叶片分化生长，应尽量增加叶片数，扩大叶面积，促进地上部和地下部的发育。在花芽分化开始后，要提供适宜的分化温度，同时防止氮素不足引起根系老化。进入莲座期后，地上部、地下部都进入旺盛生长阶段，因此要防止同化器官的老化，供应充分的氮、磷、钾、钙、硼等营养元素，同时维持一定的昼夜温差。在这个时期，发育良好的植株，表现为茎部粗，上部稍细，叶片包着顶芽部逐步展开；发育不良的植株可直接看到顶芽，且叶片发育不良。在花蕾开始膨大发育时，根系便开

始衰老，根量的减少会影响植株对水分和养分的吸收，使花蕾的发育受阻。花蕾膨大要求有较大的叶面积和较粗的茎，如果到这时植株还没有长成大株，就不可能产生大花球。

5. 花椰菜的生长发育对温度有何要求？

花椰菜喜温和的气候，其营养生长适温为18～24℃，不同品种和不同生育期对温度的要求也不同。

(1) 发芽期 种子发芽适温为18～25℃，在2～3℃低温下也能缓慢地发芽，在25℃以上时发芽加速，在适温下一般3天出齐。

(2) 幼苗期 幼苗生长发育的适温是15～25℃，但花椰菜幼苗有较强的抗寒能力，可在12月或翌年1月最寒冷的季节播种，能忍受较长时间−2～0℃的低温及短时间的−3～−5℃的低温。幼苗在27℃以上的高温条件下仍能正常生长。一般不同品种其特性略有差异。

(3) 莲座期 此期适温为15～20℃。由于品种的不同，它的耐热性和耐寒性也有一定差异，但是温度高于25℃时同化作用降低，呼吸消耗增加，植株往往生长不良，加速了基部叶片的脱落和短缩茎的延长。

(4) 花球形成期 花球形成要求气候凉爽，适宜温度为14～18℃。在这种温度情况下，花球组织致密，紧实而重，品质优良。气温过低，花球发育缓慢或发生品质变化，如8℃以下，则发育迟缓；1℃以下，花球容易“烂球”（即由于受寒害，花球表面完好，内部受冻而易引起腐烂）；已经通过花芽分化的植株，易“瞎株”（即顶芽遇到冻害，不能形成花球）。温度过高，不易结球，如温度超过30℃，很难形成花球。不同品种对温度的反应有差异。极早熟品种花球生长适温为20～25℃；早熟品种适温为17～20℃，但在25℃时仍能形成良好的叶球；中熟品种适温在15℃以下；晚熟品种则更低。中晚熟品种在温度高于20℃时，花球松散且容易发生苞片，形成“毛花”，品质下降。温度是决定花球形成的主要条件。因此，在进行花椰菜栽培时，应根据品种特性及当地气候条件合理安排播期，使花球生长处于最适温度条件下，才能获得高产高值。我国华北地区种植南方早熟花椰菜，5～9片真叶时就可以形成花球；晚熟品种经过温床育苗作春夏栽培，在夏季高温长日照条件下，由于通过春化时间晚，难以形成花球。

花椰菜开花期的适温为15～20℃，温度高于25℃时花粉丧失发芽力，种子发育不良；低于13℃时，则结荚不良。

6. 花椰菜的生长发育对水分有何要求?

花椰菜对水分要求较高。由于花椰菜根系分布较浅，多分布在20厘米以内，而植株叶丛大，蒸发量大，因此要求比较湿润的环境条件。花椰菜怕涝，耐旱、耐涝能力都比较弱，最适宜的土壤湿度是70%～80%，空气相对湿度是80%～90%。其中尤其对土壤湿度的要求更为严格，倘若保证了土壤水分的需要，即使空气湿度较低，花椰菜也可较好地生长发育。若土壤水分不足，加上空气干燥，很容易造成叶片失水，植株生长发育不良，导致提前形成小花球，失去商品价值，影响产量。因此，在花椰菜整个生长过程中，需要充足的水分，特别是在叶片旺盛生长期（即莲座期）和花球形成期应供给充足的水分，才能获得较高的产量。如水分不足，往往抑制植株地上部生长，造成“早花”；如水分过多，使土壤缺氧，轻则影响根系生长，重则造成烂根，甚至死苗。在花球膨大期，空气过分潮湿易引起花球松散、花枝霉烂。如进行保护地栽培，应特别注重空气流通，以降低空气湿度。

7. 花椰菜的生长发育对光照有何要求？

花椰菜属于长日照植物，喜充足光照，也能耐稍阴的环境。叶丛生长适宜较强的光照与较长的日照。在光照充足的条件下，叶丛生长强盛，叶面积大，营养物质积累多，产量高。在气温较低、昼夜温差较大、生长期较长的情况下，更有利于营养积累。抽薹开花期日照充足，对开花、昆虫传粉、花芽发育、种子发育都有利。但花球在日光直射下，可由白色变成浅黄色，进而变成绿紫色，使品质降低。因此在出现花球之后应及早采取折叶或盖叶的方法，使花球免受阳光直射，保持洁白。通过春化的花椰菜植株，不论日照长短，均可形成花球。

8. 花椰菜的生长发育对土壤营养有何要求？

花椰菜对土壤的要求比较严格，适宜在有机质丰富、疏松深厚、保水保肥和排水良好的壤土或沙壤土上栽培。土壤 pH 值要求在 6～6.7 之间。在整个生长过程中，花椰菜对氮肥尤为敏感，需要充足的氮素营养，特别在莲座叶生长盛期，更需充足的氮素。磷在幼苗期有促进茎叶生长的功效，从花芽分化到现蕾期，又是花芽细胞分裂和生长不可缺少的营养元素。钾是花椰菜整个生育期所必需的，特别是进入生殖生长时期，钾与花球的肥大关系密切。据有关资料介绍，每生产 1000 千克花椰菜产品，需氮 7.7～10.8 千克，磷 3.2～4.2 千克，钾 7.7～10.8 千克。在整个花椰菜生长过程中，要求氮、磷、钾的比例大致为 3.1∶1∶2.8。

在花椰菜生产中，应注意合理施肥。花椰菜缺氮，植株生长矮小，下部叶片开始黄化，老叶表现为橙色、红色到紫色，幼叶呈灰绿色。缺磷，植株叶数少，叶短而狭窄，叶片边缘出现微红色，地上部重量减轻，同时也会抑制花芽分化和发育；在花芽分化到现球期间（也就是莲座期）如缺磷，会造成提早现球，甚至影响花球的膨大而形成小花球，降低花球产量。缺钾，植株的下部叶片首先黄化，叶缘与叶脉间呈褐色；缺钾不利于花芽分化及以后的花球膨大，造成产量降低。

除三大元素外，花椰菜对钙、硼、钼、镁等元素反应也十分敏感。

缺钙时，叶缘，特别是叶尖附近部分变黄，出现缘腐，如果在前期缺钙，植株顶端部的嫩叶黄化，最后发展成明显的缘腐。

缺硼时，生长点受害萎缩，出现空茎，花球膨大不良，严重时花球变成锈褐色，味苦。

缺钼时，出现畸形的酒杯状叶和鞭形叶，植株生长迟缓、矮化，花球膨大不良，产量及品质下降。

缺镁时，下部叶的叶脉间黄化，最后整个叶脉黄化，降低植株光合功能。

所以，在保证氮、磷、钾营养元素施足的情况下，应注意其他元素的配合施用。

不同土壤营养状况下花椰菜的形态特征如图 1-2 所示。

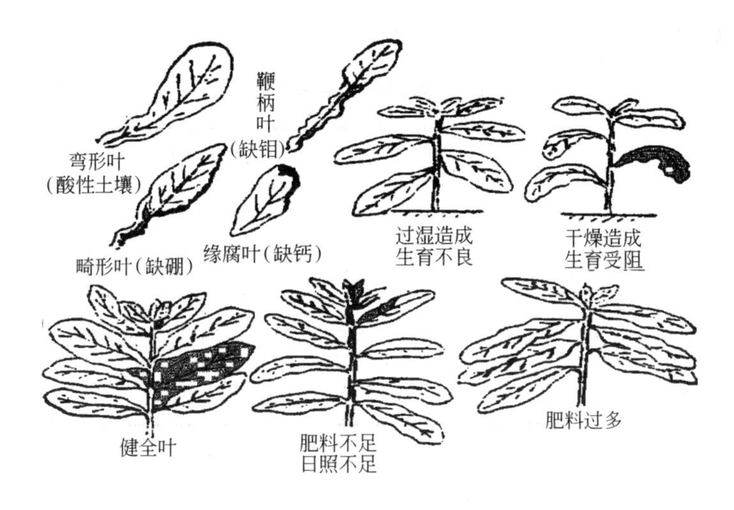

图 1-2　花椰菜的形态诊断

9. 花椰菜的花球形成对环境条件有何要求？

花椰菜为绿体春化型植物，不同品种通过春化阶段对温度感受要求不同，所需时间亦不相同。一般极早熟种，要求 21～23℃以下，早熟种低于 17～20℃，中熟种为13～17℃以下，晚熟种低于 10℃。形成花蕾所需要的低温日数，因植株大小和营养状态而异。愈是早熟种，花芽分化所需低温日数愈短，要求 15～20 日左右；晚熟种则需低温日数较长，约 30 日左右。熟性越晚，最佳春化苗龄越大。极早熟种以 5 毫米以上茎粗、5 片叶以上小株感受低温；晚熟种以 10 毫米以上茎粗、15 片叶以上大株感受低温（表 1-1）。

表 1-1 品种熟性与春化条件

品种熟性	低温感受时的苗龄		花芽分化温度/℃	感受低温时间/天
	茎粗/毫米	叶片数/片		
极早熟	5	＞5	21～23	15～20
早熟	5～6	＞6～7	17～20	15～20
中早熟	6～7	＞7～8	15～18	15～20
中熟	7～8	＞11～12	13～17	20～30
晚熟	10	＞15	10	30

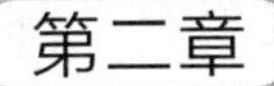

第二章

花椰菜类型与主要品种

1. 花椰菜品种依生育期长短可以划分为哪些类型?

花椰菜品种依生育期长短可以划分为早熟种、中熟种、晚熟种和四季种四种类型。

(1) 早熟种 自定植到初收花球在70天以内。植株较小，外叶较少，为15～20片。一般株高40～50厘米，开展度50～60厘米。花球扁圆，单球重0.25～0.5千克。植株较耐热，但冬性弱。

(2) 中熟种 从定植到初收花球在70～80天。植株中等大小，外叶较多，为20～30片。一般株高60～70厘米，开展度70～80厘米。花球较大，紧实肥厚，近半圆形，单球重0.5～1.01千克。较耐热，冬性较强，要求一定低温下才能发育花球。

(3) 晚熟种 从定植到初收花球在100天以上，生长期长。植株高大，外叶多，为30～40片，株高60～70厘米，开展度80～90厘米。花球大，肥厚，近半圆形，单球重1～1.5千克。耐寒，植株需要经过10℃以下低温才能发育花球。

(4) 四季种 生长期与中熟种相近，为90～100天。生长势中等，外叶为20～30片。一般株高40～50厘米，开展度60～70厘米。单球重0.5～1.0千克。耐寒性强，花球发育要求温度为15～17℃。

2. 如何选择花椰菜品种？

由于花椰菜生长发育对环境条件要求严格，因此，栽培品种的选用也要严格。

华南夏热冬暖地区，通常在秋、冬两季栽培花椰菜，宜选用冬性强、耐寒的大花球晚熟品种。长江流域至黄河流域的春花椰菜也应选用冬性强的晚熟品种，而秋花椰菜宜选用耐热、冬性弱的早熟品种，也可选用中熟品种。北方春、夏花椰菜应选用冬性强的大花球晚熟品种，而秋花椰菜应选用早熟品种或中熟品种。

花椰菜主要有哪些优良品种?

(1) 耶尔福　属春花椰菜类型，1992年由原北京农业科学院蔬菜研究所从也门引进。植株健壮，株高38.6厘米，开展度52厘米×52厘米，叶片绿色，呈披针形，一般22片叶左右出现花球。花球洁白，致密，匀称，整齐，品质好。花球球高5.8厘米，横径23厘米，单球重0.5～0.75千克。耐寒性较好，耐热性较差。早熟，定植后40天左右开始收获花球，成熟期较集中。

栽培要点：津京地区12月下旬阳畦育苗，翌年3月下旬至4月上旬定植于露地，行距50厘米，株距36厘米，5月上旬开始收获，下旬收完。

适于华北、西北、西南、河南等地栽培。

(2) 瑞士雪球　属春花椰菜类型，从尼泊尔引进。植株外叶较直立，生长势中强，叶片绿色呈披针形，一般开展叶20～25片左右出现花球。花球圆球形，白色，球高约6.6厘米，直径约22厘米，单球重0.5～0.75千克。花球紧实、肥厚，质地柔嫩。耐寒，不耐热，在高温下结球小而松散。早熟，定植后50天左右收获花球。

栽培要点：同耶尔福菜花。收获期5月中旬至6月上旬。

适于华北、东北、陕西、四川、山东等地栽培。

(3) 法国花椰菜 从法国引进的早熟种。植株生长势强，株高45～50厘米，叶簇直立，叶片大而厚，长椭圆形，先端稍尖，叶柄短平，叶色深绿，蜡粉中等，适于密植。花球半圆形，紧实洁白，组织致密，品质优。单球重0.5～1.0千克。每亩（1亩＝667米^2）产1200～1500千克。耐寒，不耐热，不耐涝，抗病力中等。从定植至收获65～70天。适于春季露地和保护地栽培。

适于北京及华北、东北、华东部分地区栽培。

(4) 雪山 中国种子公司从日本引进的一代杂种。植株生长势强，株高70厘米左右，开展度80～90厘米，叶片披针形，叶肥厚，深灰绿色，蜡粉中等，叶脉白绿，叶面微皱，平均叶数23～25片。花球高圆形、雪白、紧实，品质好。平均单球重1.0～1.5千克。中晚熟，定植至收获70～85天。耐热性、抗病性中等，对温度反应不敏感，对温度适应性广。每亩产2000～2500千克。

栽培要点：津京地区秋季栽培，于6月中下旬播种育苗，7月上旬分苗，7月底至8月初定植，10月下旬收获，定植行株距约66厘米×45厘米，每亩定植2200～2500株；四川、广东、福建等地可于7月上旬播种，8月中旬定植，10月下旬收获；北京地区春、秋季均可种植。

适合我国大部分地区种植，南、北方均可作春季栽培。

(5) 荷兰雪球 自荷兰引进的品种。株高 50～55 厘米，开展度 60～80 厘米。叶片长椭圆形，深绿色，叶缘稍有浅波状，叶片及叶柄表面均有一层蜡粉。单株叶片 30 多片。花球呈圆球形，单球重 0.75～2.0 千克，花球紧实、肥厚、雪白，质地柔嫩，品质好，耐热性强。中早熟，从定植至收获 60 天，每亩产 2500～3000 千克。适于我国北方及华东地区作秋季栽培。

(6) 荷兰 48 系甘肃省兰州市农牧局 1979 年从荷兰引入，现为兰州市及西北地区春季主栽品种之一。植株高大，叶片肥大，叶片呈宽披针形，叶面微皱，叶色深绿，蜡粉较多。花球大而洁白，平均单球重 2.0～2.5 千克。花球质地鲜嫩、雪白。中早熟，从定植至采收 55～60 天。适应性较强，耐瘠薄，较抗病。

栽培要点：兰州地区 1 月中旬温室播种育苗，3 月上旬定植，采用宽窄行定植，宽行约 83 厘米，窄行约 50 厘米，株距约 50 厘米，如进行地膜覆盖，株距约为 56 厘米，每亩定植 2000～2200 株，5 月初至 6 月中旬收获。适于甘肃及西北部分地区栽培。

(7) 荷兰春早 又叫米兰诺，中国农业科学院蔬菜花卉研究所选育的品种。株型较小，半直立，株高 42 厘米，开展度 52～54 厘米。最大叶长 36.9 厘米，叶宽 23.2 厘米，叶片灰绿色，蜡粉较多，叶面微皱，16 片叶时现花球。花球高圆形，球高 6～8 厘米，横径 15～20 厘米，结球紧实，单球重 0.4～0.7 千克，不易散球。极早熟，苗期抗猝倒病差，从定植至商品成熟 45～50 天，可持续收获 10～15 天，每亩产 1500～2000 千克。

适于北京郊区、华北和东北地区早春保护地栽培。四川、云南和福建可作秋季栽培。

(8) 雪峰 由天津市农业科学院蔬菜研究所育成，属春早熟花椰菜类型。株高 45 厘米，株幅 56 厘米；叶片绿色，蜡质中等，20 片叶左右出现花球。花球白色，扁圆形，紧实，平均单球重 0.6～0.75 千克，品质优良。早熟，定植后 50 天左右成熟，每亩产 2000～2500 千克。收获期较集中，5 月中旬上市，适于早春露地、保护地栽培，已在华北各地普遍栽培。

栽培要点：津京地区露地及地膜覆盖栽培，12 月下旬至翌年 1 月上旬在阳畦播种，温室育苗于 1 月下旬播种，3 月下旬秧苗 6 叶 1 心时定植，行株距 50 厘米×40 厘米。忌蹲苗，以促为主，加强水肥管理。秋季栽培时，定植到收获期约延长 20 天以上。

(9) 白峰 天津市农业科学院蔬菜研究所配制的一代杂种。株型紧凑，株高 58 厘米，开展度 58 厘米。叶片绿色，呈宽披针形，内层叶片扣抱，蜡粉较少。植株 20 片叶左右现花球，球高 8～9 厘米，横径 16 厘米，平均单球重 0.7 千克左右。花球结构紧密，洁白柔嫩，早熟，耐热性强，抗病。苗期对气温反应敏感，温度稍有偏差或异常，就会影响产量和品质。每亩产1800千克。适于秋季早熟栽培，已在北方各地推广种植。

栽培要点：视当地气候条件合理安排播期，苗期平均气温25℃以上，结球期平均气温20℃以上。津京地区以6月20日至25日为适宜播期，选择地势较高、排水通畅的肥沃园田栽培。育苗用营养方点播为宜，播后注意遮阴防雨，出苗后及时浇水，保持苗床见干见湿。播前育苗畦要浇足底水，忌用大苗龄，幼苗5～6片叶时及时定植，行株距50厘米×40厘米，每亩栽植3300～3500株。忌蹲苗，全生育期以促为主，除施足基肥外，各生育阶段应及时追肥浇水，一促到底。

适于北京、天津、石家庄、大连等地种植。

(10) 津雪88　系天津市农业科学院蔬菜研究所育成的杂种一代，属春、秋两用型花椰菜品种。春季栽培定植后50天左右成熟，株高50厘米，株幅55厘米，20片叶左右现花球。花球洁白，极紧实，品质优良，平均单球重1.0千克，5月上旬上市，每亩产2500～3000千克。秋季栽培定植后70天左右成熟，株高70厘米，株幅77厘米，28片叶左右现花球。内叶向内合抱，花球洁白，紧实，花茎味甜可生食，品质优良，平均单球重1.1～1.3千克，每亩产3000千克以上。

栽培要点：津京地区春露地地膜覆盖栽培，于1月下旬温室育苗，3月下旬定植。秋季6月下旬播于遮阴防雨小棚内，需排水通畅，7 月下旬定植，合理密植，行株距 50 厘米×45 厘米，每亩栽 3000 株左右。各生育阶段要及时追肥浇水，并要施足基肥，以提高产量。在整个生育期要防虫防病。

(11) 夏雪 40 系天津市农业科学院蔬菜研究所育成的杂交一代，属秋季耐热早熟花椰菜品种。定植后 40 天左右成熟。株高 55 厘米，株幅 54 厘米，蜡质中等，20 片叶左右现花球。内层叶片向内合抱，花球洁白，柔嫩，平均单球重 0.5～0.6 千克，每亩产 1600 千克左右。由于品种成熟期早，8 月下旬即可上市，可填补市场空白，经济效益很高。

栽培要点：视当地气候条件合理安排播期。苗期要求旬平均气温在 23℃以上，津京地区以 6 月 20 日左右为宜。选择地势较高、排水良好的肥沃土壤进行育苗和栽植，播后要防雨，出苗后及时浇水，不能控水，忌苗龄过大，秧苗 4～6 片叶时及时定植，合理密植，每亩以 3300～3500 株为宜。忌蹲苗，全生育期以促为主，一促到底，定植后要大水大肥，这是栽培成功的关键，整个生育期要注意防虫防病。

(12) 夏雪 50 属秋早熟耐热的杂种一代，系天津市农业科学院蔬菜研究所育成。株高 60～65 厘米，株幅 58～60 厘米，叶片绿色，蜡质中等，呈披针形，20～25 片叶出现花球。叶片中外层上冲，内层扣抱自行护球，花球柔嫩、洁白，平均单球重 0.75～0.8 千克。定植后 50 天左右收获，品质优良，每亩产 2000～2500 千克。

栽培要点：视当地气候条件合理安排播期，苗期平均气温 25℃以上，结球期平均气温 20℃以上。津京地区 6 月 20 日至 25 日播种，苗龄 20～25 天，5～6 片叶时及时定植，栽植密度以每亩 3300～3500 株为宜。定植前要施足基肥，定植后应及时追肥浇水，一促到底，以获高产。

(13) 云山 1 号　系秋晚熟和春季栽培两用型杂种一代，由天津市农业科学院蔬菜研究所育成。定植后 85 天左右成熟，株高 85 厘米，株幅 90 厘米，叶片深绿色，叶面光滑。花球洁白、紧实，呈半圆形，平均单球重 1.8 千克左右，每亩产 4000 千克以上，抗病性较强。

栽培要点：视当地气候条件合理安排播期。津京地区以 6 月底 7 月初播种为宜，苗龄 25～30 天，用营养方点播法为好，播种后注意防雨，出苗后及时浇水，选择地势较高、排水通畅的肥沃园田栽培，合理密植，行株距 50 厘米×50 厘米，每亩栽 2600 株左右。缓苗后适当蹲苗，各生育阶段及时追肥浇水，以确保丰产高产。

(14) 津选 3198　天津市农业科学院蔬菜研究所育成。植株较直立，株型紧凑，叶片绿色，蜡粉中等，叶片呈披针形，叶面微皱。28 片叶左右现花球。花球重 1.1～1.25 千克。在天津定植后 60～70 天成熟，收获期集中。花球致密，品质好。不耐热。适于天津地区种植。

(15) 福农 10 号 系福建农学院园艺系选育的品种。株高 57～60 厘米，叶片长椭圆形，叶面微皱，灰绿色，蜡粉较少。花球圆球形，洁白，花粒细，紧实。单球重 1.0～1.3 千克。中熟品种，从定植至初收需 80 天。每亩产 1500 千克左右。较耐热，耐涝性弱。

栽培要点：福建地区可在 7 月下旬至 9 月上旬播种，8 月中下旬至 10 月上旬定植，每亩定植 1500～1700 株，11 月下旬至 12 月下旬收获。东北地区作春季栽培，于 2 月下旬至 3 月上旬温室育苗，4 月下旬定植；作秋季栽培于 6 月下旬至 7 月上旬播种育苗，8 月上旬定植。行距 70～80 厘米，株距 40～50 厘米，每亩定植 2000～2300 株。

适合福建、东北、华北及长江流域等地种植。

(16) 厦花 80 天 1 号 福建省厦门市农业科学研究所育成。植株半直立，叶片 33 片。叶片宽披针形，叶先端较尖，叶面光滑，蜡粉中等。花球紧密，半圆形，商品性好。中熟，从定植至收获 82 天。适于福建省种植。

(17) 福建 60 天 福建地方品种。植株矮小，叶片小，叶柄长。花球小，较紧实。冬性弱，从定植到采收 60 天左右。

(18) 早花 6 号 福建地方品种。植株较矮小，叶长椭圆形，叶端稍尖，淡灰绿色，蜡粉多，叶柄较短。花球近圆形，色洁白，紧实，品质好。耐热，冬性弱，定植后

60 天左右收获，单球重 0.5 千克。

(19) 福建 120 天　福建地方品种。幼苗胚轴紫色，植株高大，耐寒。定植后 120 天采收。单球重 2.5 千克左右。

(20) 洪都 17 号　江西省南昌市蔬菜所研究育成。其植株较直立，株高约 90 厘米，开展度约 90 厘米，外叶较多。叶长椭圆形，深绿色，叶缘波状，叶面微皱，蜡粉多。花球扁圆形，单球重 1.0～1.5 千克，花球紧密、洁白。晚熟，从定植到收获约 150 天，每亩产 2500～3000 千克。耐肥，耐寒，较抗软腐病和菌核病。

栽培要点：南昌、武汉地区 6 月中旬至 7 月上旬播种育苗，苗龄 40～50 天，定植行距 60～70 厘米，株距约 50 厘米，每亩定植 1500～1700 株。2 月中旬至 3 月上旬收获，定植前施足基肥，每亩施腐熟农家肥 4000 千克，莲座期和花球形成期每次每亩可穴施尿素 15 千克，注意及时浇水。适合江西、湖北部分地区种植。

(21) 洪都 15 号　江西省南昌市蔬菜所研究育成。株高约 80 厘米，开展度约 75 厘米。花球洁白，扁圆形，结球紧实，品质好。定植后 90 天收获。

(22) 温州 60 天　属浙江省温州市地方品种，栽培历史悠久。植株生长势强，株高 50～55 厘米，株幅 65～70 厘米，叶灰绿色，蜡粉多，花球白而紧实，无茸毛。早熟，定植到收获约 60 天，耐热耐肥，抗病力强。

栽培要点：温州地区夏至至大暑期间播种育苗，苗龄20天时分苗一次，8月上中旬定植，行距为60厘米，株距为40～50厘米，每亩栽2000～2500株。定植前，施厩肥4000～5000千克，硼砂0.7～1.0千克作基肥，缓苗后每隔7～10天追一次肥，每亩用40%～50%人粪肥250～350千克，整个生长期追肥2～3次，花球开始形成以后重施一次追肥。

适合长江中下游地区秋季栽培。

(23) 登丰100天 系浙江省温州市南方花椰菜研究所应用系统选育方法育成的品种。植株生长势强，株型紧凑，株高50～65厘米，开展度65～90厘米，叶宽披针形，叶片厚实光滑，叶色深绿，蜡粉中等。花球厚实、洁白、质细、无茸毛，平均单球重2.5千克。中晚熟，从定植到收获约100天，抗病性好，抗寒性强，每亩产2500～4000千克。

栽培要点：温州地区7月中旬播种，8月上旬分苗，8月下旬定植，行株距各约65厘米，每亩定植1500株左右，元旦前后上市。

适合长江流域以南中早熟栽培，也适于北方地区秋季中熟栽培。

(24) 温州龙牌110天春花椰菜 系浙江省温州地区龙湾花场良种繁育场选育出的春花椰菜品种。株高45厘米左右，株幅40厘米左右，叶脉网状清晰，叶绿色，叶片顶端微尖，锯齿明显有光泽。花球洁白细嫩，纤维少，品质优良，单球重 1.0～2.0 千克。苗期较耐寒。

栽培要点：东北、西北地区于 12 月至翌年元月温室育苗，3 月下旬定植，6 月上中旬上市；或 3 月上旬阳畦育苗，4 月中旬定植，6 月中下旬上市。华北地区 11 月中旬阳畦播种育苗，翌年 3 月底至 4 月初定植。长江中下游 11 月份播种，春节前定植完毕，较冷地区用小拱棚覆盖过冬，5 月中旬收获，定植行距 45～50 厘米，株距 35～40 厘米，每亩定植 3500～4000 株。除上述地区栽培外，还适于山东、河南、淮河北部、广东、广西、贵州等地栽培。

(25) 旺心种　浙江地区地方品种。株高 80 厘米，开展度 70 厘米。外叶较多，叶柄较圆，叶卵圆形，蓝绿色，叶片薄，叶缘波状皱褶，全体被白粉。花球呈圆形，洁白，致密，花粒较粗，品质较佳，单球重 0.75～1.0 千克。生长期 180 天。

(26) 杂交 5 号　系西安市农业科学研究所育成的品种。植株长势较旺，叶形稍宽，叶面有扭波状，浅绿色。花球洁白、肥厚、致密、不易散花。单球重约 1.5 千克。成熟期不太一致。较抗病，但对灰霉病抗性差。适于陕西、江苏栽培。

(27) 冬花 240　河南省郑州市特种蔬菜研究所与郑州市蔬菜办公室共同育成。叶片卵形，叶色深绿，叶脉明显，蜡粉较多。花球半圆形，大而紧实，洁白。单球重1.0～2.5千克。生长期240天左右，晚熟。抗寒，苗期较抗霜霉病、黑腐病。适于河南省各地种植。

(28) 澄海早花 植株较矮小，叶长椭圆形，叶端稍尖，淡灰绿色，叶缘有钝锯齿，叶面稍皱，蜡粉多，基部浅裂成平耳状裂片，叶柄较长。花球近圆形，较紧实，色洁白，品质好。该品种耐热，冬性弱，生长期80天左右，单花球重0.5千克。

(29) 广州竹子种 广州市地方品种。植株较高大。叶长椭圆形，深绿色，叶面平滑，蜡粉多，叶柄白绿色。花球扁圆形，花粒较粗，紧实，肉厚，品质好。该品种耐寒，适应性强。生长期110～130天，每公顷产22500～26500千克。

(30) 广州鹤洞迟花 广州地方品种。植株高大，叶片宽大而厚，椭圆形，叶面皱缩，具宽叶柄，柄短而扁。花球近圆形，球面凹凸不平，花粒细，肉厚坚实，洁白，品质好。该品种耐寒、耐阴雨，生长期130～180天，每公顷产18000～22500千克。

(31) Pawas 杂交一代 热带品种，适宜温暖地区的夏季栽培。花球质量极好，移栽后45～55天可以收获。采收时间大约10天。花球奶白色，圆形，质地平滑。单球重约300克。建议种植密度为6株/米^2。

(32) Ontano 杂交一代 早熟，生长旺盛的杂交一代品种。用于早春露地、温室及塑料大棚栽培，移栽后成熟期根据温度约60～90天。花球整齐，卵圆形，结实无毛。可在仲冬时节在温室或大棚中播种，定植露地，花球翌年5～6月份即可以上市。建议种植密度为4～5株/米^2。

（33）Cortes　中早熟杂交品种，自我保护性能极强。在肥沃的土壤和充足的灌溉条件下，植株生长中等旺盛。半直立、深绿色外叶很好地围绕着花球，花球中的小花序密实，球形平圆，品质好。坚实、厚重的花球在内叶的保护下深坐在植株中。Cortes既适宜鲜食也适宜加工。建议种植密度为3.5～4株/米^2。

（34）Serrano杂交一代　生长旺盛的杂交品种，用于亚热带地区秋、冬季露地栽培。直立宽大、长椭圆形的叶片很好地将花球保护起来。植株生长旺盛，花球白色，质量好，即便在贫瘠的土地上也可以高产。小花球易分割，适宜加工工业。建议种植密度为3～4株/米^2。

（35）Arine杂交一代　生长旺盛的中早熟品种。顶部稍有弯曲的半直立的外叶围绕着花球，花球深坐在植株中，内叶很好地将坚实厚重的花球保护起来，球形扁圆，品质好，适宜鲜食及加工，建议种植密度3.5～4.0株/米^2。

（36）Spacestar杂交一代　生育期短，生长旺盛的中早熟杂交一代品种。半直立外叶可以很好地保护花球。叶色中绿。花球小花序紧密，平圆形，花球深坐于植株中，内叶将结实厚重的花球极好地遮盖着。Spacestar既可以用作鲜食也可以做加工。建议种植密度为3.5～4.0株/米^2。

(37) ASTERIX（阿斯达） 一代杂交种。花球大，中等颗粒，颜色雪白，紧密。叶子丰茂且包盖好。生长期85～90天，成熟期集中，产量高。能有效地抵抗真菌类病害。

(38) 京研45 极早熟，适合秋季栽培，抗病，耐热，定植后45天左右收获。花球紧密，洁白，单球重500克左右。

(39) 京研50 早熟，适合秋季栽培，抗病，耐热，定植后50天左右收获。花球紧密，洁白，单球重700克左右。

(40) 京研60 中早熟，适合秋季栽培，抗病，耐热，定植后60天左右收获。花球紧密，洁白，单球重1000克左右。

第三章

花椰菜周年安全生产主要设施

1. 花椰菜保护地栽培的设施主要有哪些?

用于花椰菜保护地栽培的设施主要有地膜覆盖、阳畦、改良阳畦、温床、塑料拱棚、日光温室和遮阳网。

2. 地膜覆盖栽培方式有哪些?

地膜覆盖是利用厚度为0.015～0.02厘米的塑料薄膜覆盖于地面或近地面的一种简易栽培方式。地膜覆盖方式大体可分为地表覆盖、近地面覆盖和地面双覆盖等类型。

(1) 地表覆盖 即将地膜紧贴垄面或畦面覆盖，主要有以下几种形式：

① 平畦覆盖　利用地膜在平畦畦面上覆盖。平畦的畦宽为 60～150 厘米，一般为单畦覆盖。平畦覆盖便于灌水，初期增温效果较好，但后期由于灌水带入的泥土盖在薄膜上，而影响阳光射入畦面，降低增温效果（图 3-1）。

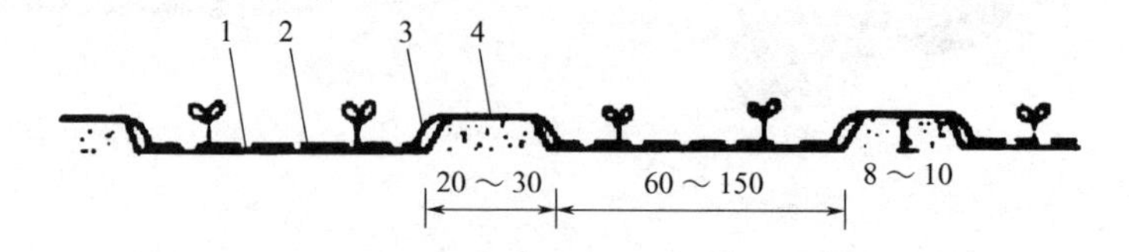

图 3-1　平畦地膜覆盖栽培横剖面示意图（单位：厘米）

1—畦面；2—地膜；3—压膜土；4—畦埂

② 高垄覆盖　栽培田经施肥平整后，进行起垄。一般垄宽 45～60 厘米，高 10 厘米左右，垄面上覆盖地膜，每垄栽培 1～2 行作物。其增温效果一般比平畦高 1～2℃（图 3-2）。

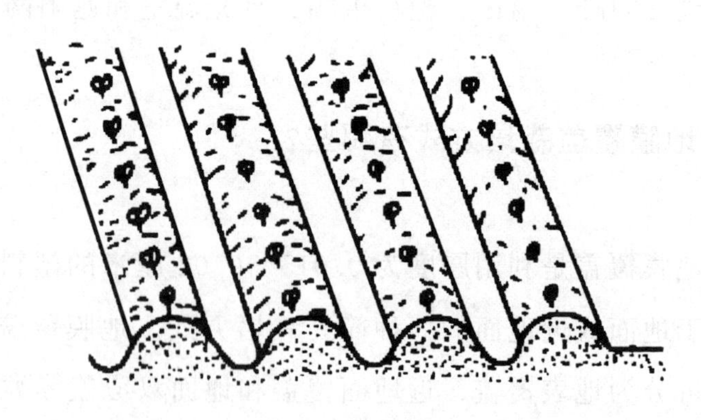

图 3-2　高垄覆盖

③ 高畦覆盖　与高垄覆盖相同，唯畦面较平整。分为窄畦与宽畦两种，一般窄畦宽度为 0.6～1.0 米，宽畦为 1.2～1.65 米。用地膜覆盖成单畦或双畦。在北方畦面过宽不便灌水，多以两个窄畦合成一个，以便栽培管理（图 3-3）。

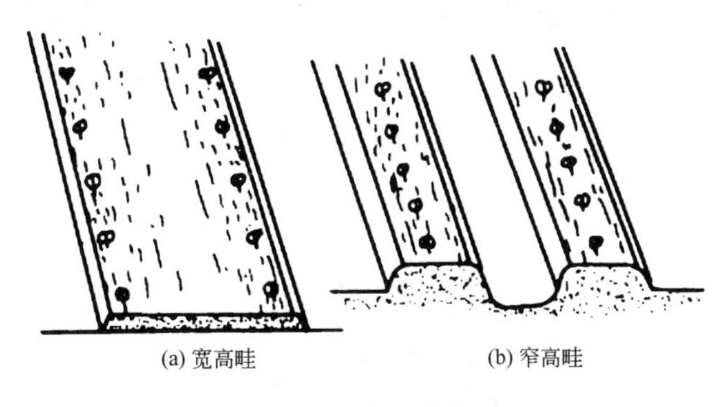

图 3-3　高畦覆盖

(2) 近地面覆盖　将塑料地膜覆盖于地表之上，形成一定的栽培空间，主要有以下几种形式：

① 沟畦覆盖　栽培畦的畦面做成沟状，将栽培作物定植于沟内，然后覆盖地膜，幼苗在地膜下生长，待接触地膜时，将地膜及时揭除，或在膜上开孔，将苗引出膜外，并将膜落为地面覆盖。主要有宽沟畦、窄沟畦和朝阳沟畦等覆盖形式（图 3-4）。

② 拱架覆盖　在高畦畦面上播种或定植后，用细枝条、细竹片等做成高约 30～40 厘米的拱架，然后将地膜覆盖于拱架上并用土封严（图 3-5）。

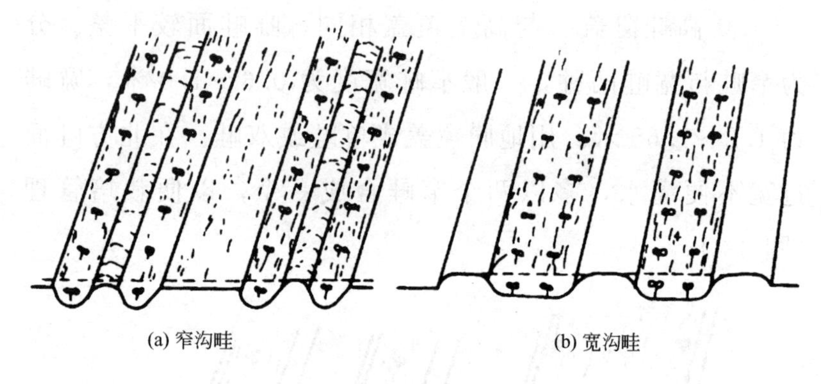

图 3-4　沟畦覆盖示意图

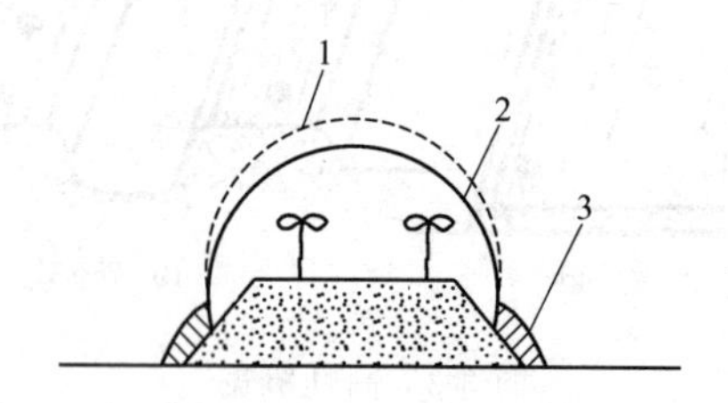

图 3-5　拱架覆盖

1—地膜；2—竹片；3—压膜土

如果播种或定植前，再在畦面上覆盖地膜，则称为地面小拱棚双覆盖栽培。

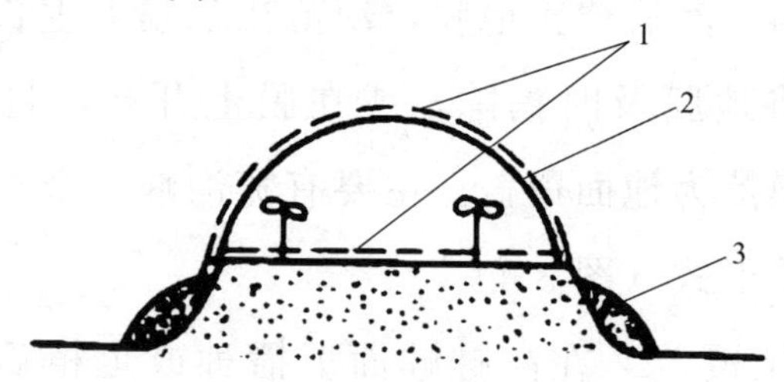

图 3-6　地膜双覆盖断面示意图

1—地膜；2—竹片；3—压膜土

(3) 地膜双覆盖 将地表覆盖和近地面覆盖相结合的地膜覆盖方式，不仅可以提高地温，而且可以提高苗期栽培空间的气温（图 3-6）。

3. 地膜覆盖有何作用？

地膜覆盖是改善土壤理化性状最简单的一种保护设施，具有保温、保墒、保肥的作用，能促进土壤速效养分增多，改善土壤物理性状，抑制杂草生长，减少病虫害发生，提高作物光能利用率。

地膜覆盖的地温比露地平均增温 2～4℃，最高为 6～8℃，最低为 1～2℃，每生育期内可增加有效积温 200～300℃。地温的提高有利于缓苗，提早生育期，但对近地面空气层增温效果不显著，无防霜冻效果，故主要用于春、秋两季栽培。

4. 地膜覆盖的技术要求有哪些？

地膜覆盖的整地、施肥、做畦、盖膜要连续作业，不失时机，以保持土壤水分，提高地温。在整地时，要深翻细耙，打碎土块，保证盖膜质量。畦面要平整细碎，以便使地膜能紧贴畦面，不漏风，四周压土充分而牢固。灌水沟不可过窄，以利于灌水。做畦时要施足有机肥和必要的化肥，增施磷、钾肥，以防因氮肥过多而造成徒长。同时，后期要适当追肥，以防后期作物缺肥早衰。在膜下软管滴灌或微喷灌的条件下，畦面可稍宽、稍高；若采用沟灌，则灌水沟要稍宽。地膜覆盖虽然比露地减少灌水大约 1/3，但每次灌水量要充足，不宜小水勤灌。

5. 风障畦的结构和类型有哪些？

风障畦（简称风障）由篱笆、披风和土背三部分构成，按照篱笆高度的不同可以分为小风障和大风障两种，大风障又有完全风障和简易风障两种（图 3-7）。

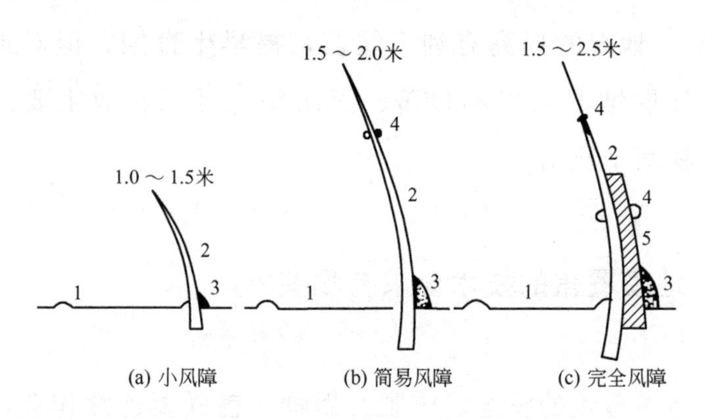

图 3-7 风障畦示意图

1—栽培畦；2—篱笆；3—土背；4—横腰；5—披风

小风障结构简单，篱笆由较矮的作物秸秆（如稻草、谷草）并以竹竿或芦苇夹设而成，高1～1.5米。它的防风效果较小，在春季每排风障只能保护相当于风障高度2～3倍的栽培畦面积。

完全风障由篱笆、披风和土背三部分构成，高1.5～2.5米，篱笆由玉米秸、高粱秸、芦苇或竹竿等夹设而成，用稻草、谷草、草包片、苇席或旧塑料薄膜等作披风，防风增温效果明显优于小风障。

简易风障，又称迎风风障，只设置一排高度为1.5～2.0米的篱笆，不设披风，篱笆密度也较稀，防风增温效果较完全风障差。

6. 风障畦的性能是什么？

（1）防风效应 风障具有减弱风速、稳定畦面气流的作用。风障一般可减弱风速10%～50%，有效防风距离为风障高度的5～8倍，最有效的防风范围是风障高度的1.5～2倍。

（2）增温效应 风障的增温能力主要取决于其防风能力和风障面对太阳辐射的反射作用，风障的防风能力越强，障面的反射作用也越强，增温效果就越明显，一般增温效果以有风晴天最显著，无风阴天不显著，距离风障越近增温效果越好。

7. 风障畦怎样设置及应用?

(1) 风障畦的设置

① 风障设置方向　与当地的季风方向垂直时防风效果最好。华北地区冬春季以西北季风为多，北风占50%，故风障方向以东西延长，正南北或偏东南5°为好。

② 风障的距离　应根据风障的类型、生产季节而定。一般完全风障主要在冬春季使用，每排风障的距离为5～7米；简易风障主要用于春季及初夏，每排之间距离为8～14米；小风障的距离为1.5～3.3米。大、小风障可配合使用。

(2) 风障畦的应用　在早春用于花椰菜、绿菜花提早定植以及临时防风。

8. 阳畦的结构和类型有哪些?

阳畦由风障、畦框、透明覆盖物和不透明覆盖物等组成。

(1) 风障　大多采用完全风障，但又有直立风障（用于槽子畦）和倾斜风障（用于抢阳畦）两种形式。

（2）畦框　用土或砖砌成，分为南、北两框及东、西两侧框，依据畦框尺寸规格的不同，可分为槽子畦和抢阳畦两种（图 3-8）。

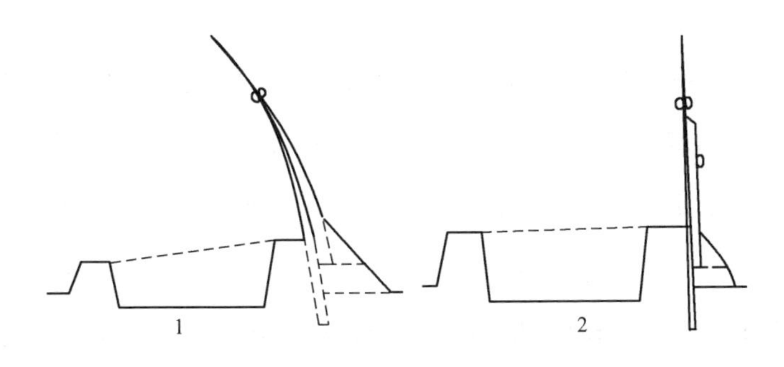

图 3-8　阳畦

1—抢阳畦；2—槽子畦

① 槽子畦　南、北两框接近等高，四框做成后近似槽形，故名槽子畦。一般框高 30～50 厘米，框宽 35～40 厘米，畦面宽 1.7 米，畦长 6～10 米。

② 抢阳畦　北框高于南框，东、西两框成坡形，四框做成后向南成坡面，故名抢阳畦。一般北框高 40～60 厘米，南框高 20～40 厘米，畦框呈梯形，底宽 40 厘米，顶宽 30 厘米，畦面下宽 1.66 米，上宽 1.82 米，畦长 6～10 米。

（3）透明覆盖物　主要有玻璃窗和塑料薄膜等，现在多采用竹竿在畦面上做支架，而后覆盖塑料薄膜的形式。

（4）不透明覆盖物　是阳畦的防寒保温设备，多采用草苫和蒲席覆盖。

阳畦的性能是什么？

① 阳畦的温度随外界气温的变化而变化，也与其保温能力的高低及外部防寒覆盖状况有关。一般保温性能较好的阳畦，其内外温差可达13.0～15.5℃。但保温较差的阳畦，冬季最低气温可出现－4℃以下的温度，而春季温暖季节白天最高气温又可出现30℃以上的高温，因此利用阳畦进行生产既要防止霜冻，又要防止高温危害。

② 晴天畦内温度较高，阴雪天气畦内温度较低。

③ 一般阳畦畦内昼夜温差可达10～20℃。随着温度变化，阳畦内的空气湿度变化也很大，一般白天最低空气相对湿度为30%～40%，夜间封闭后畦内相对湿度可达80%～100%，畦内空气相对湿度差异可达40%～60%。

④ 阳畦内各部位由于接受阳光量的不均匀，形成局部温差。通常由于南框遮阴，东、西侧框早晚遮阴，造成畦内南半部和东、西部温度较低，北半部由于无遮阴，且有北框反射光热相叠加，造成畦内北半部温度较高。阳畦内的温度分布不均衡，常造成植物生长不整齐。

10. 阳畦怎样设置及应用？

(1) 阳畦的设置　一般阳畦用湿土叠砌而成，设置时应注意以下几点：

① 设置时间　每年秋末开始施工，最晚土壤封冻以前完工，翌年夏季拆除。

② 场地选择　选择地势高燥、土壤质地好、灌溉方便的地块设置，并且要求周围无高大遮阴物遮阴。

③ 田间布局　阳畦的方向以东西向延长为好，畦数少时，应做成长排畦，不宜单畦排列，以免受回流风的影响。两排阳畦的距离，以 5～7 米为宜，避免前排风障为后排阳畦遮阴。

(2) 阳畦的应用　多用作冬春季育苗、采种和假植贮藏。

11. 改良阳畦的结构和类型有哪些？

改良阳畦按屋面形状可以分为一面坡式改良阳畦和拱圆式改良阳畦两种，按有无后屋面可以分为无后屋顶的改良阳畦和有后屋顶的改良阳畦两种（图 3-9、图 3-10）。

改良阳畦主要由土墙（包括后墙和东、西山墙）、前

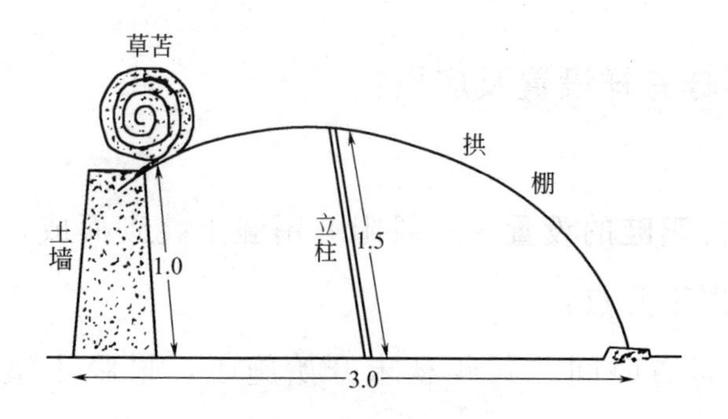

图 3-9 薄膜改良阳畦（单位：米）

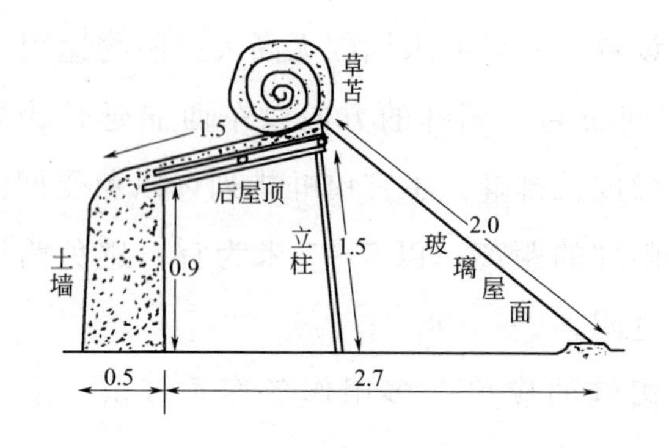

图 3-10 玻璃改良阳畦（单位：米）

屋面、后屋面、覆盖物（包括透明覆盖物和不透明覆盖物）四部分组成。目前改良阳畦应用的透明覆盖物主要为塑料薄膜。

改良阳畦的规格一般是：后墙高 0.9～1.0 米，墙厚 40～50 厘米，立柱高 1.5～1.7 米，后屋顶宽 1.0～1.5 米，前屋面宽 2.0～2.5 米，畦面宽 2.7～3.0 米，每 3～4 米长为一间，每间设一立柱，立柱上加柁，上铺两根檩

（檐檩、二檩），总长度依地块大小而定，一般长 20～30 米。一面坡式改良阳畦的前屋面与地面的夹角为 40°～45°，拱圆式改良阳畦接地处夹角为 60°～70°。

12. 阳畦栽培的性能是什么？

改良阳畦保温性能好，仅次于日光温室，但由于空间小，热容量小，增温快，降温也快，温度变化剧烈，在北京地区 1～2 月份 10 厘米处地温在 5℃以上，3 月份在 14℃以上，在最寒冷的季节，畦内最低温度一般在 2～3℃以上，晴天升温快，在 10 时揭开草帘，1 小时内气温可增高 7～10℃，最快可增高 16℃，昼夜温差大，而阴天昼夜温差小，约 1℃左右。畦内空气相对湿度较大，夜间在 90％以上。适用于春早熟、秋延后栽培。

13. 电热温床的基本结构是什么？

电热温床由隔热层、散热层、床土和覆盖物四部分组成，见图 3-11。

（1）隔热层 是铺设在床坑底部的一层厚 10～15 厘米的秸秆或碎草，主要作用是阻止热量向下层土壤传递。

（2）散热层 是一层厚约 5 厘米的细沙，内铺设有电

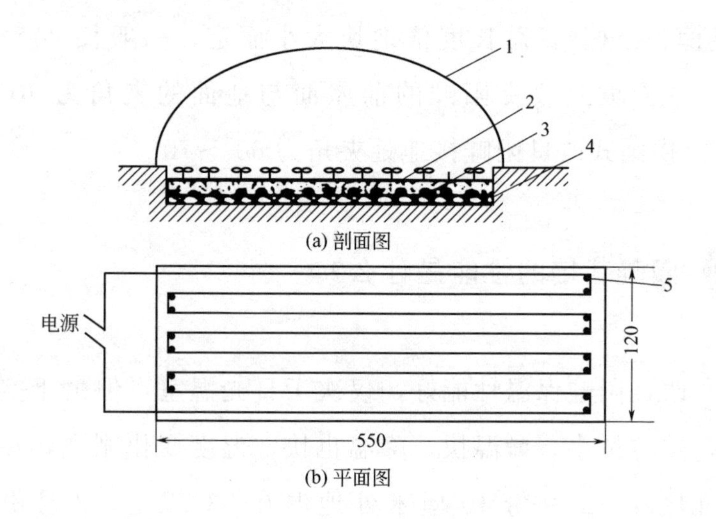

图 3-11 电热温床断面及布线示意图

1—塑料薄膜；2—床土；3—电加温线；4—隔热层；5—短竹棍

热线。沙层的主要作用是均衡热量，使上层床土均匀受热。

(3) 床土 床土厚一般为 12～15 厘米。育苗钵育苗不铺床土，而是将育苗钵直接排列到散热层上。

(4) 覆盖物 透明覆盖物（塑料薄膜）主要作用是白天利用光能使温床增温，不透明覆盖物（草苫）用来保温。

14. 电热线加温主要有哪些设备？

电热线加温主要有电热加温线、控温仪、继电器、电闸盒、配电盘等。

15. 如何铺设电热温床？

① 确定电热温床的功率密度。电热温床的功率密度是指温床单位面积在规定时间内（7～8 小时）达到所需温度时的电热功率，用瓦/米^{2}表示。具体选择参见表 3-1。基础地温指在铺设电热温床时未加温时 5 厘米土层的地温。设定地温指在电热温床通电（不设隔热层，日通电 8～10 小时）时达到的地温。我国华北地区冬春季阳畦育苗，电加温功率密度以 90～120 瓦/米^{2}为宜，温室内育苗时以 70～90 瓦/米^{2}为宜；东北地区冬季室内育苗时以 100～130 瓦/米^{2}为宜。

表 3-1 电热温床功率密度选用参考值

设定地温/℃	不同基础地温下电热功率密度/(瓦/米^2)			
	9～11℃	12～14℃	15～16℃	17～18℃
18～19	110	95	80	—
20～21	120	105	90	80
22～23	130	115	100	90
24～25	140	125	110	100

② 根据温床面积计算温床所需电热总功率。

电热总功率＝温床面积×功率密度

③ 根据电热总功率和每根电热线的额定功率，计算电热线条数。

$$电热线条数(根)=\frac{总功率(瓦)}{额定功率(瓦/根)}$$

由于电热线不能剪断，因此计算出来的电热线条数必须取整数。

④ 布线间距。功率密度选定后，根据不同型号的电加温线，确定布线间距。

布线行数=(电热线长度－床宽)/床长　(取偶数)

线间距离=床宽/(行数－1)

见表 3-2。

表 3-2　不同电热线规格和设定功率的平均布线间距

单位：厘米

设定功率/(瓦/米²)	电热线规格			
	每条长 60 米 400 瓦	每条长 80 米 600 瓦	每条长 100 米 800 瓦	每条长 120 米 1000 瓦
70	9.5	10.7	11.4	11.9
80	8.3	9.4	10.0	10.4
90	7.4	8.3	8.9	9.3
100	6.7	7.5	8.0	8.3
110	6.1	6.8	7.3	7.6
120	5.6	6.3	6.7	6.9
130	5.1	5.8	6.2	6.4
140	4.8	5.4	5.7	6.0

16. 电热温床的布线方法有哪些？

在苗床床底铺好隔热层，压少量细土，用木板刮平，就可以铺设电加温线。布线时，先按所需的总功率的电热线总长，计算出或参照表找出布线的平均间距，按照间距在床的两端距床边 10 厘米远处插上短竹棍（靠床南侧及北侧的几根竹棍可比平均间距密些，中间的可稍稀些），然后如图 3-11（b）所示的那样，把电加温线贴地面绕好，电加温线两端的导线（即普通的电线）部分从床内伸出来，以备和电源及控温仪等连接。布线完毕，立即在上面铺好床土。电加温线不可相互交叉、重叠、打结；布线的行数最好为偶数，以便电加温线的引线能在一侧，便于连接。若所用电加温线超过两根以上时，各电加温线都必须并联使用而不能串联。

17. 塑料小棚的结构和类型有哪些？

塑料小棚的规格一般高为 1～1.5 米，宽为 1.5～3 米，长为 10～30 米。拱架主要是用细竹竿、毛竹片、荆（树）条、直径 8 毫米的钢筋、轻型扁钢等能够弯成拱形的材料做成，上覆盖 0.05～0.10 毫米厚聚氯乙烯或聚乙烯薄膜，外用压杆或压膜线等固定薄膜。根据其覆盖的形式不同大体可分为拱圆小棚、半拱圆小棚和双斜面小棚（图 3-12）。

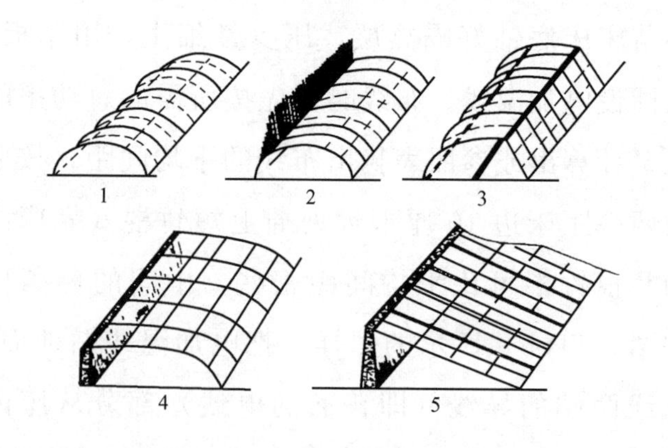

图 3-12　小拱棚的几种覆盖类型

1—拱圆棚；2—拱圆棚加风障；3—半拱圆棚；

4—土墙半拱圆棚；5—斜面棚

（1）拱圆小棚　是生产上应用最多的类型，多用于北方。东西延长小棚，可在北侧加设风障，而成为风障拱棚。

（2）半拱圆小棚　北面筑 1 米左右高的土墙，南面成一面坡形覆盖或为半拱圆棚架，一般无立柱，跨度大时加设 1～2 排立柱。

（3）双斜面小棚　屋面成屋脊形或三角形。棚向东西或南北延长均可，一般中央设一排立柱，柱顶拉紧一道 8# 铁丝，两边覆盖薄膜即成。适用于风少雨多的南方地区，因为双斜面不易积雨水。

18. 小拱棚的性能及其应用有何特点？

小拱棚具有低效能的保温作用，棚内温度受外界气候的影响大。在12月下旬至翌年1月下旬与外界温度基本一致，2～4月份最低气温4～13℃；地温1～2月份10厘米处4～5℃，3月中旬为9～11℃，3月下旬为14～18℃；棚内透光率约为60%～80%，空气相对湿度夜间达90%～100%。塑料小拱棚的保温性能有限，但其结构简单，造价低，故被广泛应用，生产上主要用于春早熟和秋延迟栽培。

19. 中棚主要有哪些结构和类型？性能有何特点？

中棚由竹木或钢材等构成拱圆形拱架，其上覆盖塑料薄膜。其一般高度为1.5～1.8米，跨度为3～6米，长10米以上，栽培面积30～60米^2，生产者可入内管理。

(1) 中棚的结构和类型　根据拱架的材料和立柱的有无，可把中棚分为以下几种类型：

① 竹木结构中棚　棚架由竹片、竹竿、木棍等构成，一般跨度为3～6米，中高1.5～1.8米，拱杆间距0.6～

1.0米，拱杆多用竹片或竹竿做成。为增强其支撑性能，可每1～3个拱杆下设1～2根立柱，每排立柱距顶端20厘米处用较粗的木棍或竹竿纵向连接成横拉杆，以增强棚架的稳固性。架上覆盖塑料薄膜，用压膜线将薄膜固定。根据其立柱的排数分为单排立柱中棚和双排立柱中棚（图3-13、图3-14）。

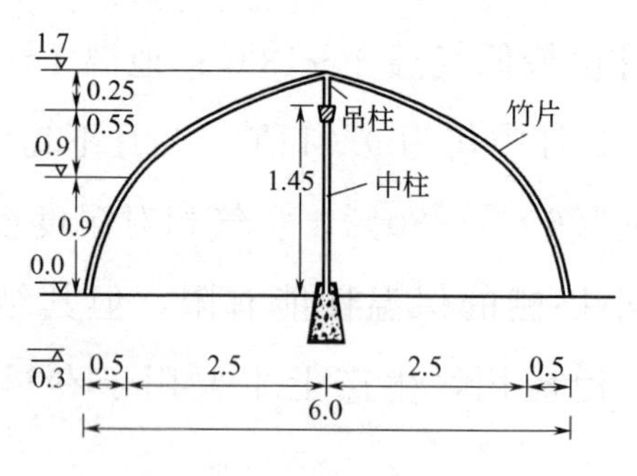

图3-13　单排立柱中棚（单位：米）

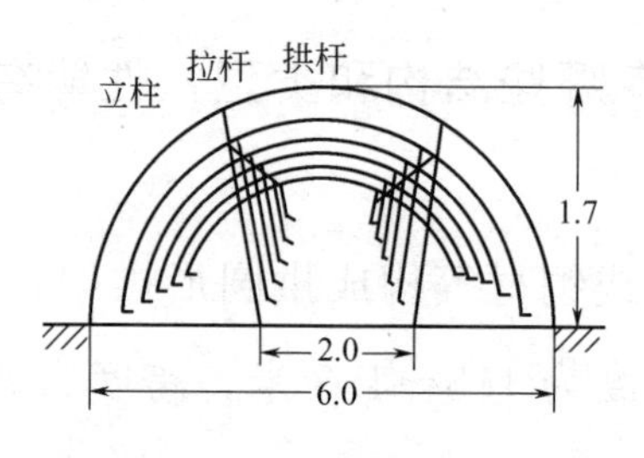

图3-14　双排立柱中棚（单位：米）

② 钢架结构中棚　中棚的拱杆由直径16毫米左右的钢筋或直径1.5～2.0厘米的钢管构成。通常将其弯成拱圆形，两端插入土中。为防止拱杆下沉，可在土中埋入石块或砖块作垫石，也可在地面横向焊上一段20厘米长的

拉筋。拱杆的顶端用拉杆纵向连接，以增强其稳固性。钢架中棚一般不设立柱，当钢材细小时，也可设立柱。根据立柱的有无可分为无柱钢架中棚和有柱钢架中棚。

(2) 中棚的性能 中棚空间比大棚小，升温快，降温也快，热容量少，提前和延后生产效果不如大棚。但中棚可增加外覆盖保温，如果配合风障，夜间覆盖草苫，其保温效果优于大棚。其他方面的性能与大棚无明显差异，可参考大棚有关部分。

20. 加苫中棚的结构有何特点?

加苫中棚建造方位多为东西延长，上覆草苫，主要有三种形式：一是建有用土或砖砌筑而成的固定墙体（后墙和东、西两山墙）；二是建有以秸秆等为填充物的临时墙体；三是没有墙体。建有固定墙体或临时墙体的加苫中棚，墙体厚度一般在50～60厘米，棚高1.3～1.5米，跨度6～8米，长度随地块而定。不建造墙体的加苫中棚，草苫不仅盖顶，还覆盖棚室四周。

21. 塑料大棚的类型有哪些?

生产中应用的大棚，按棚顶形状可以分为拱圆形和屋脊形，我国绝大多数的大棚为拱圆形。按骨架材料则可分为竹木结构、钢架混凝土柱结构、钢架结构、钢竹混合结构等。按连接方式又可分为单栋大棚、双连栋大棚和多连栋大棚。目前生产上应用广泛的主要有两种：一种是用钢材或水泥预制件组装而成的无柱式结构，另一种是竹木有柱式结构（图 3-15、图 3-16）。

① 无柱式结构　钢结构无柱式大棚的骨架是用镀锌钢管或直径 12～16 毫米圆钢装配和焊接而成。在我国北方，其跨度一般为 10～14 米，中高 2.8～3.2 米，两边肩高 1.0～1.2 米，棚长一般在 60 米以下，门为推拉门或合页门，拱架间距为 1.0～1.2 米。

② 有柱式结构　大棚的骨架是由竹木或水泥柱构成。我国北方大棚跨度多为 10～15 米，中高 2.5～3.0 米，长

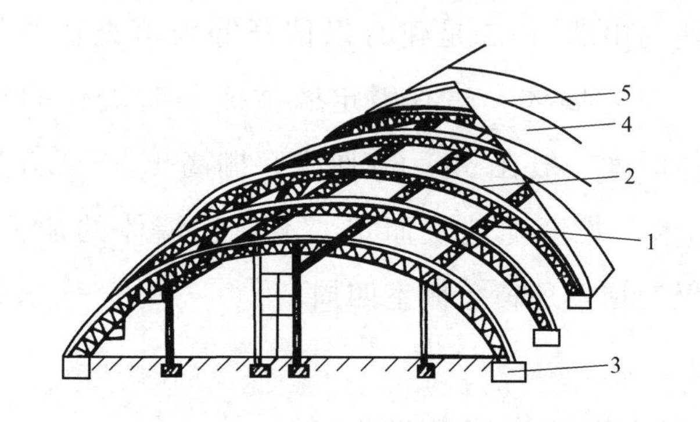

图 3-15　无柱钢架大棚

1—从梁；2—钢筋桁架拱梁；3—水泥基座；

4—塑料薄膜；5—压膜线

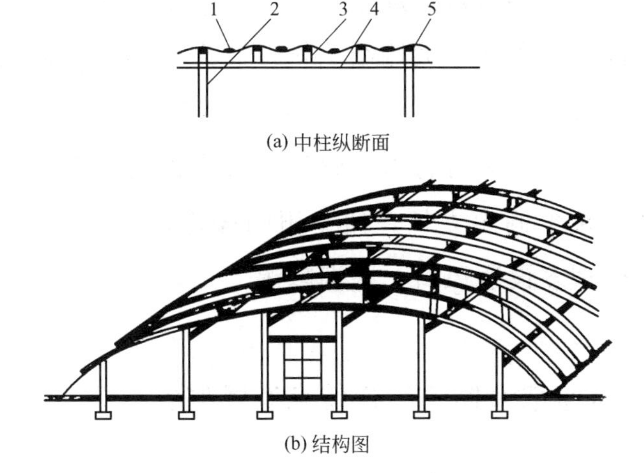

图 3-16　悬梁吊柱竹木大棚

1—压杆；2—立柱；3—小支柱；4—拉杆；5—薄膜

度多为 40～50 米，拱间距离 0.8～1.0 米。

22. 大跨度竹木连栋大棚的结构特点有哪些？

大棚跨度 30～35 米，脊高 2.6～3 米，肩高 2 米，整体骨架为竹木材质，骨架间距 3 米，配有两层拉杆，立柱较多，立柱间距 1.3～2 米，每亩建造成本较低。每年 7 月、8 月和 12 月、次年 1 月雨雪较多时期处于休棚期，蔬菜生产一般不会受到较大影响，得到菜农普遍认可。

此类大棚的优点：一是蓄热保温性能好。早春季节通过多层幕覆盖作物可比普通大棚提前一个月上市。二是建造成本低。平均亩建造成本在 8000～10000 元。三是土地利用率高。此种连栋大棚结构构件遮光率小，土地利用率达 90%以上。

有条件的地区可将竹木骨架改换为钢筋或钢筋竹木结构，从而减少棚内立柱，便于田间操作，提升抗灾能力。另外应合理多设通风口，降温降湿。

23. 双向卷帘大棚的结构特点有哪些?

大棚建造方位一般南北延长，跨度一般在 13～15 米，脊高 2.2～2.5 米，肩高 1.2～1.5 米，亩造价 13000～20000 元。整体骨架为竹木材质，骨架间距 1 米左右，设有 4～6 排立柱（图 3-17）。

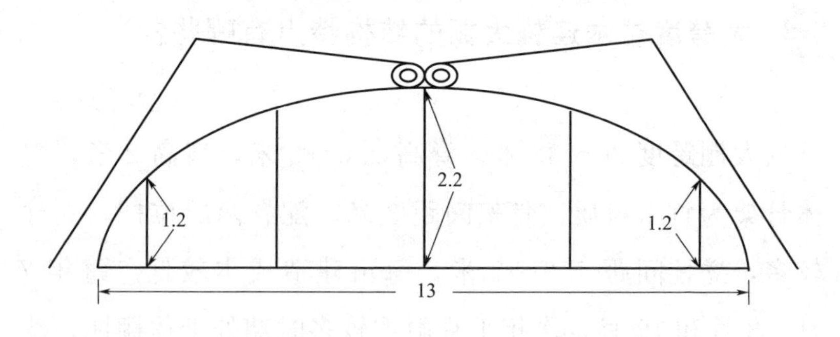

图 3-17　双向卷帘大棚（单位：米）

此类大棚的优点：一是造价较低，能较快收回成本；二是所种作物比普通大棚提早收获和上市，效益较高；三是使用卷帘机省时省工。

24. 塑料大棚的性能及其应用有何特点？

塑料大棚空间大，棚内易于人工操作和机械化作业，光照、保温效果比中、小棚好。棚内的光照时间与露地相同，其光照强度在1米高处约为棚外的60%。棚内温度，在春季，10厘米处地温比露地高5～6℃；气温随外界的变化而变化，在晴天中午，棚内气温比露地高18℃以上，最低气温比露地高1～5℃，一般露地气温为－3℃时，棚内最低气温在0℃以上。棚内空气相对湿度很高，特别是夜间温度低时可达100%，白天随温度升高，湿度有所下降。由于塑料大棚内在12月至次年1月气温仍在0℃以下，所以在生产上主要用于春早熟和秋延后栽培。

25. 日光温室的结构和类型有哪些？

(1) 半拱圆形日光温室　前采光屋面为1/4椭圆形、1/4圆形、抛物线形或双弧面形的日光温室均称为半拱圆形日光温室。半拱圆形日光温室又分矮后墙长后坡半拱圆形日光温室、高后墙短后坡半拱圆形日光温室、长后坡无后墙半拱圆形日光温室、高后墙无后坡半拱圆形日光温室等。

① 矮后墙长后坡半拱圆形日光温室　温室的跨度一般为 5.5～6.5 米，中脊高 2.6～2.8 米，后墙高 0.6～1 米，长为 40～60 米，后坡长 2.5～3.0 米。后屋面骨架由柁和檩构成。柁间距离 3 米，柁上横担 3～4 道檩，其中柁头上为脊檩，以下为腰檩。檩上铺放整捆的玉米秸或高粱秸，上抹 2 遍草泥，上面再铺 1 层碎草，而后用玉米秸封压住，使后屋面的厚度达 60～70 厘米（东北），或 40～50 厘米（黄淮）。前屋面设东西横梁，横梁上每 3 米对应设 2 或 3 道顶柱。两柁之间按 60～70 厘米设拱，拱是用 2 根竹片或用竹竿做成的。拱上覆盖塑料薄膜，用压膜线压紧。前屋面外底脚处挖 0.5 米宽、0.6 米深的防寒沟。夜间覆盖纸被、草苫防寒（图 3-18）。

这一类型日光温室的优点是取材方便，造价较低，保温性能好，特别是遇到寒流强降温或连阴天时，保温效果十分明显。其缺点是后部弱光区面积大，土地利用率低。

② 高后墙短后坡半拱圆形日光温室　温室跨度为 6 米，脊高 2.8 米，后墙高 1.8 米以上，后屋面长 1.5 米，地面水平投影宽为 1～1.2 米，或脊高为 3.0 米以上、后墙高 2 米以上的高后墙短后坡的塑料日光温室（图 3-19）。

这种温室由于加长了前采光屋面，缩短了后坡，提高了中脊，透光率和透光量明显提高，对春夏季的果品蔬菜生产是有利的。但是建造后墙用工用料多，夜间温度下降

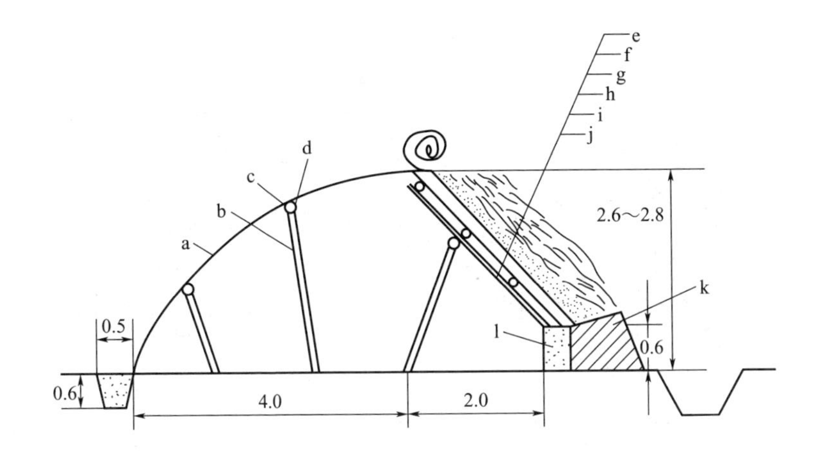

图 3-18　长后坡矮后墙半拱圆形日光温室（单位：米）

a—塑料及拱杆；b—支柱；c—悬梁；d—小支柱；e—整捆秫秸；

f—麦秸；g—扬脚泥；h—秫秸捆；i—檩木；j—柁木；

k—防寒土；l—土后墙

快，保温不如长后坡矮后墙的日光温室。

③ 长后坡无后墙半拱圆形日光温室　这是一种专用于稻田和棉田冬闲期利用，实行稻（棉）菜轮作的日光温室。它的好处是建造和拆卸速度快，建造时对地面的破坏小，不对粮棉生产带来过多的不利影响。

该温室一般采用 4 米柁，柁的下端直接插地，中柱在柁头下 60～80 厘米处斜向北支撑。脊檩下设 4 道腰檩，上部的覆盖同矮后墙长后坡半拱圆形日光温室。温室的前采光屋面也同矮后墙长后坡半拱圆形日光温室，唯两山墙用粉煤灰预制块堆砌，里外用草泥抹严。由于后屋面的覆

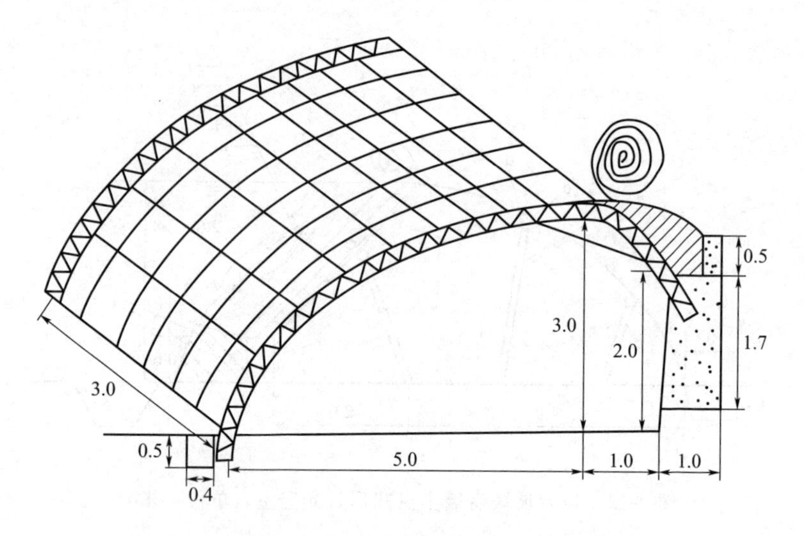

图 3-19　高后墙短后坡半拱圆形日光温室（单位：米）

盖材料从地面堆起，屋面骨架几乎是立木支撑，所以牢固性大大加强（图 3-20）。

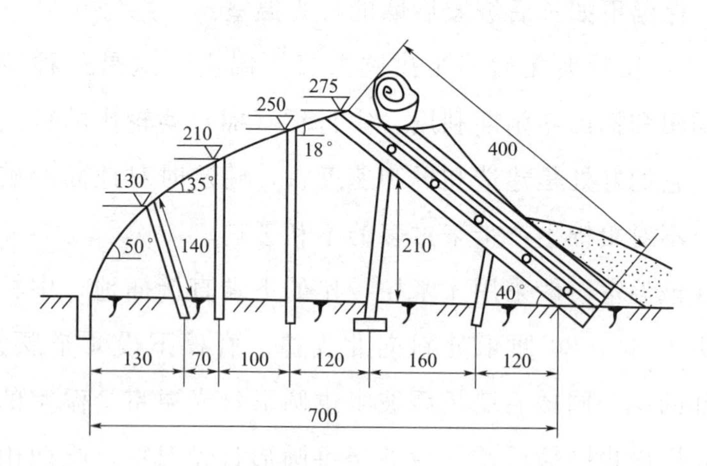

图 3-20　长后坡无后墙半拱圆形日光温室（单位：厘米）

④ 高后墙无后坡半拱圆形日光温室　无后坡日光温室是20世纪70年代初兴起的。在多数地区是借用已有的围墙、堤岸、山崖和土崖作后墙，两山墙另外堆砌，前采光屋面多用如同一般半拱圆形日光温室的结构。草苫存放在后墙上。

由于不设后屋面，温室造价低，但温室对温度的缓冲性较差，作为蔬菜生产使用时，一般可参照北京地区的改良阳畦的利用方式，属于典型的春用型日光温室（图3-21）。

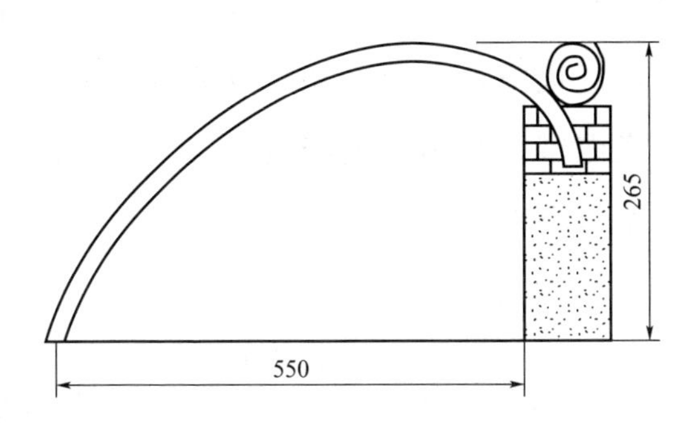

图3-21　高后墙无后坡半拱圆形日光温室（单位：厘米）

⑤ 钢竹混合结构日光温室　这种温室利用了以上几种温室的优点，跨度6米左右，每3米设一道钢拱杆，矢高2.3米左右，前屋面无支柱，设有加强桁架，结构坚固，光照充足，便于内保温（图3-22）。

⑥ 全钢架无支柱日光温室　这种温室是近年来研制开发的高效节能型日光温室，跨度6～8米，矢高3米左右，后墙为空心砖墙，内填保温材料。钢筋骨架，有三道

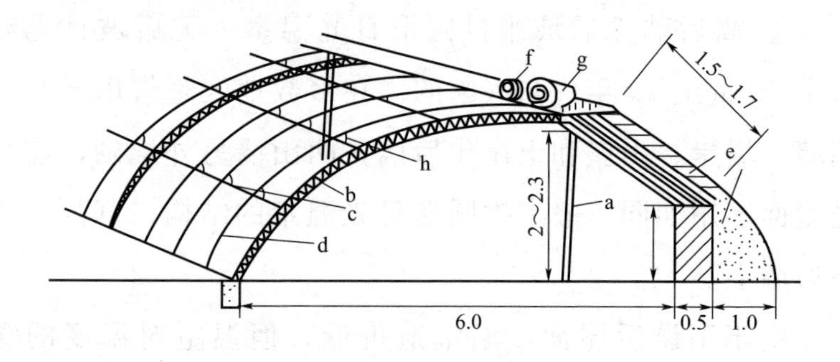

图 3-22 钢竹混合结构日光温室（单位：米）

a—中柱；b—钢架；c—横向拉杆；d—拱杆；
e—后墙后坡；f—纸被；g—草苫；h—吊柱

花梁横向接，拱架间距 80～100 厘米。温室结构稳固，耐用，采光好，通风方便，有利于内保温和室内作业，属于高效节能日光温室，代表类型有辽沈Ⅰ型日光温室、冀优Ⅱ型日光温室（图 3-23）。

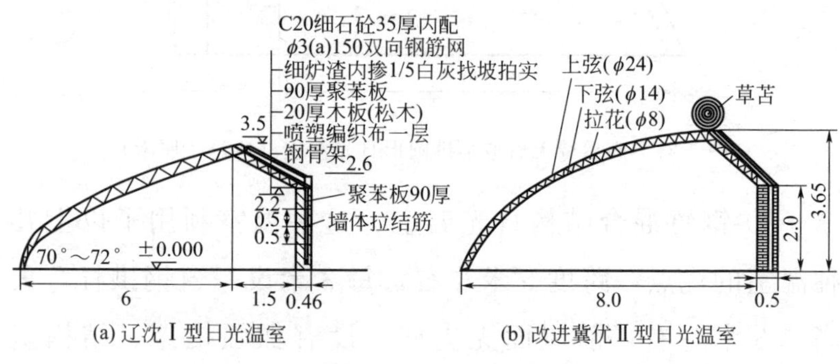

图 3-23 全钢架无支柱日光温室（单位：米）

⑦ 鞍Ⅱ型日光温室 是由鞍山市园艺研究所设计的一种无柱拱圆形日光温室（图 3-24）。前屋面为钢架结构，无立柱，后墙为砖与珍珠岩组成的异质复合墙体，后屋面

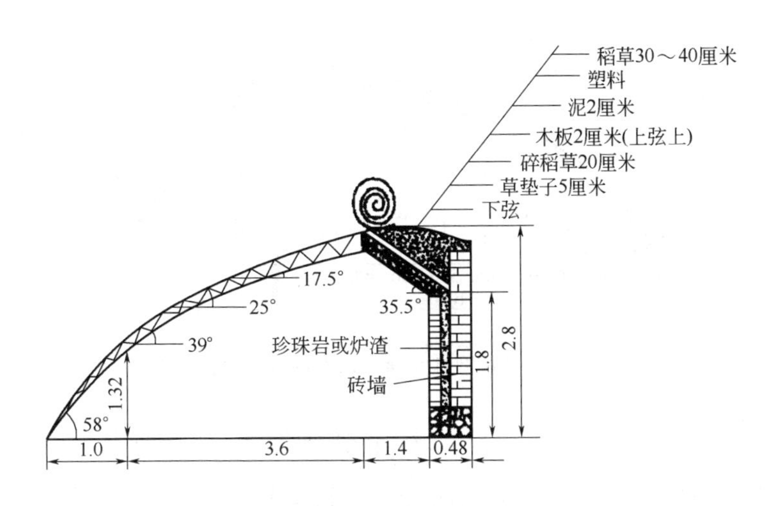

图 3-24　鞍Ⅱ型日光温室（单位：米）

也为复合材料构成。采光、增温、保温性能良好，利于作业。适宜早春种植。

⑧ 寿光Ⅳ型日光温室　是寿光最新型日光温室，特点是增加了墙体厚度，抬高了屋脊，加大了屋面角度（图 3-25）。脊高 4 米，室内比室外地面低 0.4 米，南北跨度 13 米，无中、前立柱，由钢管作脊柱，安有卷帘机。后墙为土墙，内侧用砖和水泥砌墙皮，外侧用水泥板砌护。这种温室采光性能特别好，升温快，保温性也好，便于通风，操作方便。适宜冬春季节生产芹菜。

⑨ 大跨度厚墙体半地下式日光温室　大跨度厚墙体半地下式日光温室是多年来人们普遍应用的温室，墙体厚度为 0.5～1 米，在冬季连续低温天气，喜温的果菜长

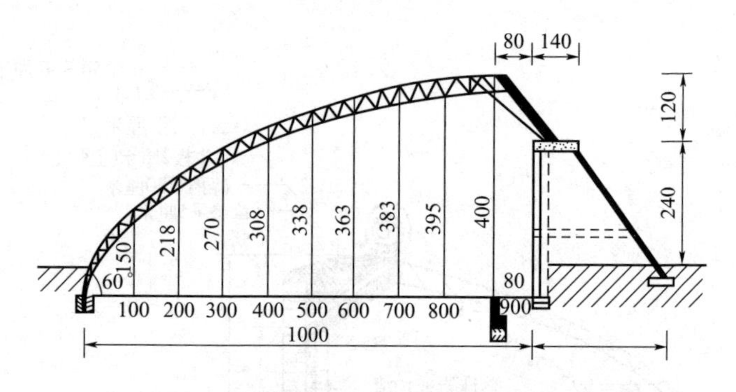

图 3-25　寿光Ⅳ型日光温室示意图（单位：厘米）

时间处于生长停顿状态，甚至受到寒害，个别温室还会出现冻害。一个重要原因是：墙体薄，防寒性能差，贮存热量少，在连续低温天气下，不能源源不断地从温室补充热量。为了解决这一问题，近几年各地相继建了厚墙体、大跨度、半地下式温室。一般墙体厚 1.5～3 米（墙体愈厚保温效果愈好），跨度 8～10 米，半地下式（低于地面 50 厘米），温室内立柱可根据拱架的牢固程度酌情增减。该结构温室从各地冬季使用情况来看效果非常理想（图 3-26）。

⑩ 能量互补日光温室　由山西农业大学温祥珍老师研制，南北双向日光温室，南向温室跨度 16 米，北向温室跨度 7.5 米，中间墙体厚 0.5 米，总跨度 24 米，东西长 121.5 米，单栋面积 2928 平方米，墙上每间隔 10～12 米设计轴流风机，将南向温室高出 25℃的能量抽入北向温室并贮存起来提高温室的保温性，减少南向温室散热，实

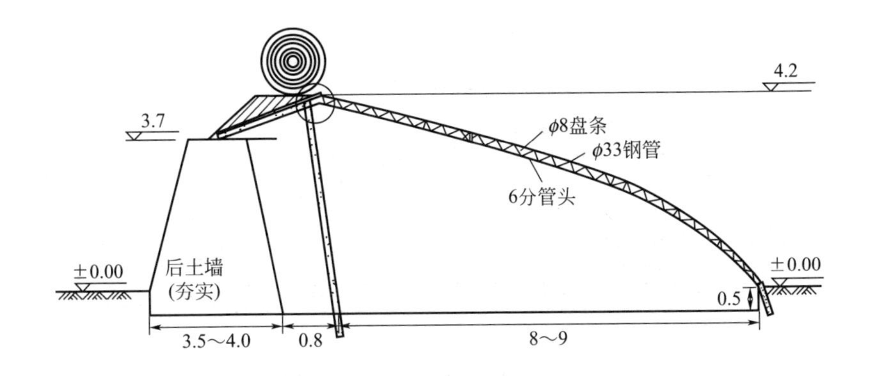

图 3-26　大跨度厚墙体半地下式
日光温室示意图（单位：米）

现南北互补。该类温室温湿性能稳定，尤其夜间保温效果突出，降温幅度小，更重要的是增加了土地利用率，克服了设施种植温室占地面积大、栽种面积小的问题。

（2）全钢架可移动日光温室　这种温室是近年来研制开发的高效节能型日光温室，跨度 8～9 米，矢高 4 米左右，后墙双层保温被。钢筋骨架，有 3 道花梁横向接，拱架间距 80～100 厘米。温室结构稳固，耐用，可移动，采光好，通风方便，有利于内保温和室内作业，属于高效节能日光温室，近年在冀中南大面积推广应用（图 3-27）。

（3）农业光伏温室　光伏温室是集太阳能光伏发电、智能温控、现代高科技种植为一体的温室。它采用钢制骨架，上覆太阳能光伏组件，在基本不影响室内农作物生长的基础上进行光伏发电。太阳能光伏发出的直流电，直接

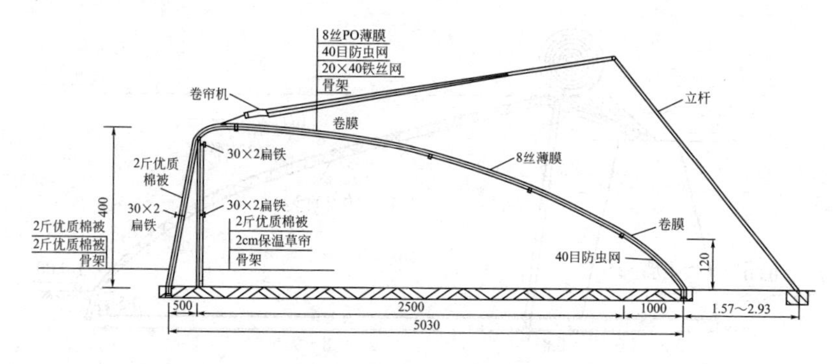

图 3-27 全钢架可移动日光温室（单位：厘米）

为农业温室进行补光，并直接支持温室大棚农业设备的正常运行，驱动水资源灌溉，同时解决冬季温室大棚供暖，提高大棚温度，促进作物快速增长。

(4) 斜面型日光温室 前采光屋面为两折式，即有一个斜面天窗和一个立面地窗的温室。目前有普通型、琴弦式、天窗微拱型和地窗微拱型等 4 个有代表性的类型。

① 普通型斜面日光温室 见图 3-28。

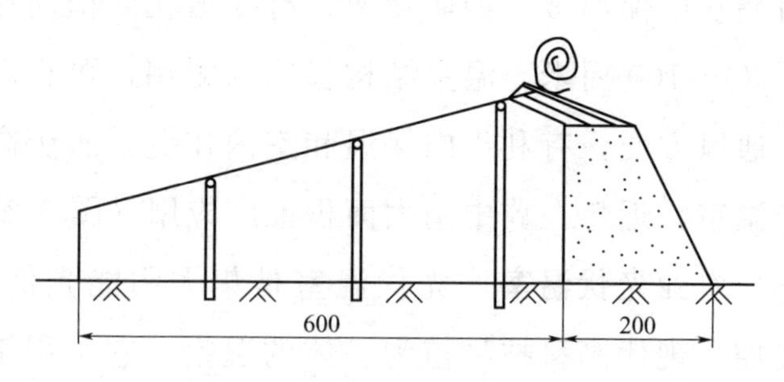

图 3-28 普通型斜面日光温室（单位：厘米）

② 琴弦式斜面日光温室 这是在普通一斜一立式温

室的基础上，在建造方法上进行改进的一种温室，改进的主要内容是提高了中脊高度，在前坡拱架和拉杆的基础上，又增加了十数道与拉杆相平行的铁丝，构成了所谓的琴弦。这一结构应该说是对多雪地区的一种适应（图 3-29）。

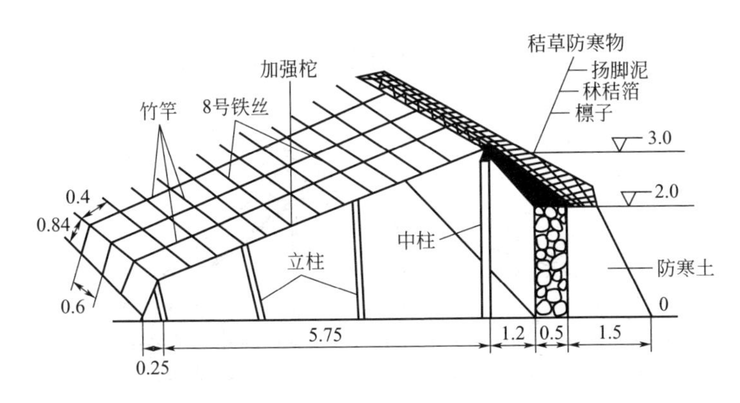

图 3-29 琴弦式斜面日光温室（单位：米）

③ 天窗微拱型日光温室　这是山东寿光在引进瓦房店琴弦温室使用一段时间之后，为克服其天窗采光角度小，压膜线不能压紧棚膜而经过改进形成的一种温室（图 3-30）。

④ 地窗微拱型日光温室　这是流行在辽西走廊一带，专用于冬春只生产一茬耐寒性蔬菜的所谓的半年闲日光温室（图 3-31）。

斜面型日光温室由于采光性能不如半拱圆形的日光温室，而且前屋面的塑料薄膜不易绷紧，因此在生产上应用

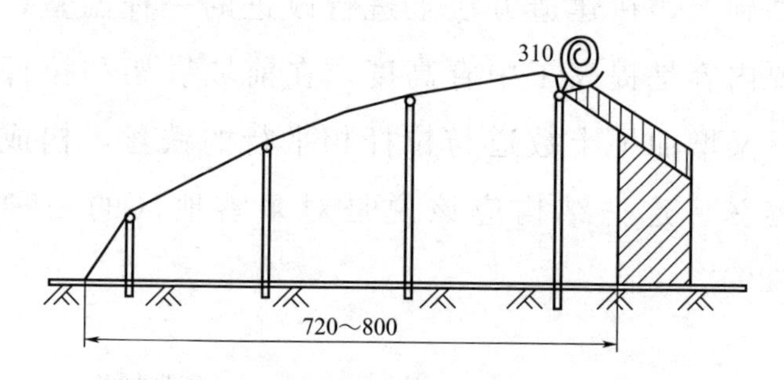

图 3-30　天窗微拱型日光温室（单位：厘米）

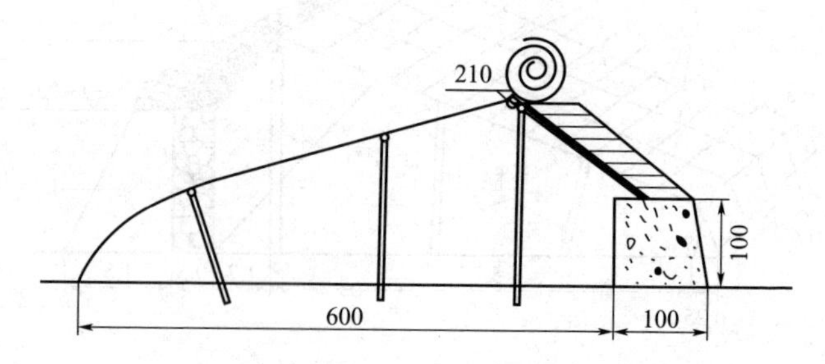

图 3-31　地窗微拱型日光温室（单位：厘米）

逐渐减少。

26. 日光温室具有哪些性能？

日光温室室内操作方便，防寒、保温性能好。一般冬季可以保持 10～25℃的室温，最低气温不低于 5℃。但室内温度不均衡，白天南侧高于北侧，夜间北侧高于南侧；不同的高度温度差异也很大，白天离地面越高，温度越高，夜间则相反。室内空气湿度较大，夜间空气相对湿度在95%以上，白天在不通风的情况下空气湿度在90%左右。由于日光温室防寒、保温性能好，生产上多用于秋延迟、冬季和春早熟栽培。

 27. 覆盖遮阳网有哪几种覆盖方式？

(1) 覆盖形式 棚室覆盖是在大、中棚和日光温室的骨架上覆盖遮阳网。具体覆盖方法有顶盖、棚内平盖和一网一膜覆盖三种（图3-32）。顶盖法是在大棚四周自地面至1米高左右一段不盖遮阳网，以利通风降温。平盖法是利用大棚两侧的纵向拉杆，用压膜线在两纵向拉杆间来回拉紧成一平面，然后在其上平铺遮阳网。一网一膜是保留顶膜的大棚上加盖遮阳网。

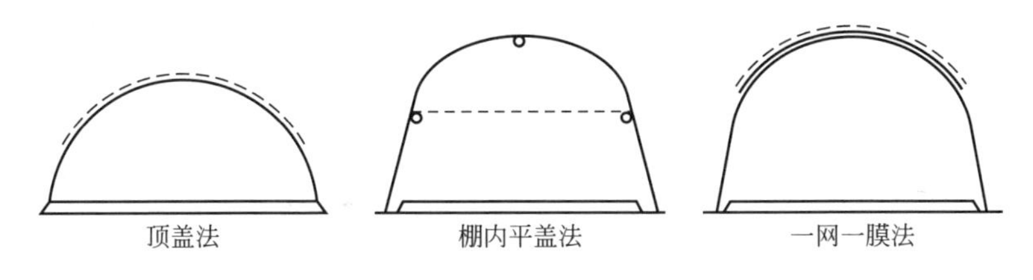

图3-32 覆盖遮阳网示意图

此外，还有带状间隔覆盖方式。即在南北延长的大棚架上，顺其延长方向每间隔30～50厘米，固定覆盖一幅1.6米宽的遮阳网。这种覆盖方式不但可起到较好的降温作用，而且可使棚内每个角落都能得到短时间的“全光照”，既省去每天揭盖遮阳网管理的麻烦，又可节省用网量近30%。在日光温室上覆盖遮阳网用得亦很多，但由于后墙的影响通风面积较小，常因空气流通不好，影响降温的幅度。

（2）覆盖遮阳网的作用 覆盖遮阳网可以有效地降低地温和气温，同时具有避风、防雨、防雹的功效，大棚、温室覆盖遮阳网，还可以避免暴雨过后土壤水分和空气湿度过大而造成的病害发生与流行。遮阳网棚主要用于夏季栽培。

第四章

育苗技术

1. 花椰菜育苗中壮苗的标准是什么?

未通过春化阶段并具有8～10片展开叶；下胚轴节间短，叶片厚、色泽深，根群发达并密集于主根周围；定植后缓苗和恢复生长快；对不良环境和病害抵抗能力强。

2. 花椰菜保护地育苗分为哪几个步骤?

苗床准备→播种→苗期管理。

3. 花椰菜保护地育苗中苗床如何准备?

(1) 营养土的配制 床土是供给秧苗水分、营养和空气的基础材料，秧苗生长发育好坏与床土的质量有着密切的关系。优良的床土应肥沃、松软，土壤富含有机质，有机质含量以15%～20%为宜，全氮含量占0.5%～1%，速效氮含量大于100毫克/千克，速效磷含量大于150毫克/千克，速效钾含量大于100毫克/千克，pH值6～6.5。一般园土中有机质含量只有1%～3%，速效氮不超过30毫克/千克，速效磷不超过20毫克/千克，缺磷少氮是很普遍的。因此，为培育壮苗，必须配制专用营养土。此外，优良床土还应当没有或很少有病原菌和害虫。

(2) 床土消毒 为了防治苗期病虫害，除了注意选用少病源、虫源的床土配料外，还应进行床土消毒，以杀灭有害生物。消毒方法有药剂消毒和物理消毒，生产中主要用药剂消毒。

(3) 上床土 播种床需铺配制好的营养土8～10厘米厚，移植床铺10～12厘米厚。每平方米需营养土100～150千克。床土铺后一定要耧平。

4. 营养土有哪几种？

营养土通常是用孔隙度较大、松软、体轻、有机质含量较高，又含有一定肥分的农家肥等材料与园土配合而成。用来配制营养土的材料主要有马粪、草炭、稻壳、炉渣、甘蔗渣、森林腐叶土等。

（1）马粪　马粪的有机质含量高，孔隙度大，物理性状良好，养分含量中等，是许多地方配制床土常用的农家肥。马粪必须在充分腐熟后才能使用，于夏季将马粪堆积，并浇一些大粪水，让其发酵腐熟。开始发酵后每隔10多天翻堆1次，经1个多月即可腐熟。将充分腐熟的马粪捣碎，过筛后备用。

（2）草炭　草炭又叫泥炭，也是配制床土的好材料。草炭质轻，孔隙度大，有机质含量高并含有较多的营养成分。我国草炭土资源丰富，可大力开发利用，用于配制床土，育苗效果好。

（3）稻壳　稻壳取材容易，体轻，疏松，是一种有应用前途的配制床土的材料。用前将稻壳与马粪混合，使其发酵，充分腐熟后就可使用。

（4）炉渣　炉渣是无土（营养液）育苗的好基质，也可以作为配制床土的材料。炉渣质轻，孔隙度大，理化性状好，与马粪、园土配成的床土育苗效果不次于其他床土。炉渣取材容易，砸碎过筛就可以使用。

（5）甘蔗渣　南方甘蔗渣资源丰富。甘蔗渣是甘蔗榨糖后剩下的残渣，碳氮比值较高，含有残留蔗糖，是一种配床土的好材料。新鲜甘蔗渣不能直接使用，应当把收集的甘蔗渣先松散地堆在露天水泥地面上，堆积成2米^{3}大小的堆，喷水使其湿润，让其自然发酵，当表面干燥时喷水湿润，雨天不遮盖，经发酵12个月后，翻堆晒干待用。经发酵后的甘蔗渣，碳氮比值下降至接近草炭的水平，可以与炉渣等配制床土。

(6) 森林腐叶土 森林腐叶土是树林地上多年腐烂的枯枝落叶和杂草残体等与林下表土的混合物，有机质含量丰富，很肥沃，理化性状良好，是配制床土的好材料。在有森林的地区取材方便，收集腐叶土过筛后，可直接与园土等混合配成床土。腐叶土不需经过发酵过程，是一种快速配制床土的好材料。

其他如厩肥、堆肥、干草等，充分发酵分解达到腐熟后，也可以用来配制床土。总之，配制床土的材料很多，应当因地制宜地选择取材容易、理化性状良好又较便宜的材料。至于园土选择，主要应注意有利于防治苗期病虫害，还要有较高的肥力，一般选择在近几年内没有栽培过茄果类、瓜类、甘蓝类蔬菜的地块上挖取；在栽培过大豆、玉米的大田地里取土也可以。这类园土都有利于防病壮苗。园土还必须是当年没打过除草剂的。园土或大田土使用前都要过筛。

5. 花椰菜保护地育苗播种床和移植床的常用配方有哪些？

播种床和移植床床土的配方稍有不同。播种床的床土疏松度应稍大些，即农家肥等材料的体积比例较大些，园土的体积比例稍小些，以利于提高土温、保水及幼苗扎根和出苗。移植床的床土疏松度要小些，即农家肥等材料的比例比播种床床土小些，园土比例大些，床土要有黏性，容易成坨，使苗移至大田定植时不易散坨。

常用的播种床床土配方（按体积计算）有以下3种：

配方1：1/3园土，2/3马粪。

配方2：1/3园土，1/3细炉渣（无炉灰），1/3马粪。

配方3：40％园土，20％河泥，30％腐熟圈粪，10％草木灰。

移植床床土配方（按体积计算）有以下3种：

配方1：2/3园土，1/3马粪。

配方2：腐熟草炭和肥沃园土各1/2。

配方3：腐熟有机质堆肥2/5，园土3/5。

6. 花椰菜保护地育苗苗床常用的消毒药剂有哪几种？

花椰菜保护地育苗苗床常用的消毒药剂有五代合剂、代森锌粉剂、福尔马林和多菌灵等。

① 五代合剂床土消毒　五代合剂是等量的五氯硝基苯和代森锌混合物，配成药土使用。按每平方米播种床用五代合剂7～8克，与15千克床土均匀混合，于播种床浇

透底水后取 1/3 药土撒于床面上，播种后用余下的 2/3 作盖土，做到下铺上盖，能有效地防治苗期猝倒病等。但五代合剂对幼苗生长有一定的抑制作用。应用前，苗床底水要浇透，出苗后注意适当喷水，才能保证幼苗正常生长。

② 65%的代森锌粉剂消毒　每立方米床土用代森锌 60 克，药与土混拌均匀后用塑料薄膜盖 2～3 天，而后撤掉塑料薄膜，待药味散后床土即可以使用。此法有一定的防病效果。

③ 福尔马林消毒　能防治猝倒病和菌核病。用 0.5%的福尔马林溶液喷洒床土，混拌均匀，然后堆放，并用塑料薄膜封闭 5～7 天。揭开塑料薄膜使药味彻底挥发后方可使用。

④ 多菌灵消毒　1000 千克需消毒土壤或基质加入有 25～30 克 50%多菌灵的水溶液，拌匀后盖膜密封，经过 2～3 天，可杀死枯萎病等病原菌；或按每平方米苗床加 50%多菌灵 20～30 克，撒于畦面，翻土拌匀。

7. 花椰菜保护地育苗播种分为哪几步?

(1) 晒种　为使种子发芽整齐一致，应进行种子的精选和晒种。在精选种子时将杂物和瘪籽剔除，在播种前将种子均匀晒 2～3 天。

（2）确定播种量　播种前应进行发芽试验，然后根据种子发芽率的高低和播种方式来决定播种量。一般种子发芽率在90%左右，每克种子在350～400粒时，温室、温床播种每平方米3～4克，冷床播种每平方米5～8克。如营养方点播，一般要播所栽株数的1.5倍穴。

（3）打底水　苗床含有充足的水分才有利于种子发芽、出苗及幼苗正常生长。播种前灌水，以使土层达到饱和状态为宜。因地下水位高低不同，土壤保水能力不一，底水的大小也应有所差异。地下水位较高和保水能力较强的壤土、黏质壤土，底水应少些；反之，地下水位较低和保水能力差的沙壤土或漏水地底水就要大些。如灌水量不足，土壤干燥，会影响种子发芽、出苗，甚至使已发芽的种子干死，出苗后也会影响幼苗的生长；如灌水量过大，不仅会降低地温，也会造成土壤缺氧，而影响种子正常发芽。因此播种前适量灌水是保证种子正常发芽、出苗的有力措施。灌水后应立即覆盖塑料薄膜进行烤畦，以提高畦温，使幼苗迅速出土。

（4）播种　灌水烤畦后即可进行播种，播种时先撒薄薄的一层过筛细土。播种方法有两种。一种是撒播，将种子均匀撒在育苗床上，然后立即覆盖过筛细土2～3厘米，四周撒点鼠药，覆盖薄膜，并用细土将四周封严。另一种方法是点播，播种前按10厘米×10厘米拉营养方，在土方中间扎0.5厘米左右深的穴，然后每穴点播2～3粒种子。播后随即覆土，盖膜，以提温保湿。

8. 花椰菜保护地育苗苗期如何管理？

(1) 覆土 从出苗到分苗之间，可进行三次覆土。覆土应选择晴朗无风的天气进行，每次覆土约 0.5 厘米。第一次在“拱土”时，既可防止畦面龟裂，又可保墒；第二次在幼苗出齐后；第三次在间苗后，覆一层 0.5 厘米厚的过筛细土，以助幼苗扎根，降低苗床湿度，防止猝倒病等病害发生。注意覆土后要立即盖上塑料薄膜以防闪苗。

(2) 间苗 在子叶充分展开第一片真叶吐心时进行间苗，以间开为宜。间苗前适当放风，以增加幼苗对外界环境的适应性，并选在晴暖天气时进行。

(3) 分苗 为了培育壮苗，要及时分苗，防止幼苗密度过大，影响通风透光，造成幼苗徒长。分苗适期在二叶一心至三叶一心，分苗行株距为 10 厘米×10 厘米。分苗前 15～20 天将分苗畦覆盖薄膜，烤畦。分苗选择晴天进行。

(4) 中耕与覆土 采用开沟贴法的分苗畦，应在缓苗后经几天的放风锻炼，然后及时中耕，有利于保墒和提高地温。第一次中耕要浅，隔 5～6 天进行第二次中耕时，应略深些。营养钵分苗不进行中耕，只进行一次覆土，以达到保墒的目的。

(5) 温度管理 从播种至出苗期间，为了提高畦内气温和地温，促使幼苗迅速出土，应加强保温措施。播种后的温室和电热温床，白天温度应控制在20～25℃，夜间温度在10℃左右；冷床在播种后要立即扣严塑料薄膜，四周封严。草苫（覆盖物）要早拉早盖，一般下午畦温降至16～18℃时盖苫，早上揭苫温度以6～8℃为宜，经7天即可出苗，10天即可出齐苗。

齐苗到第一片真叶展开阶段开始通风，可适当降低畦内温度，以防幼苗徒长，白天温度控制在15～20℃，夜间温度在5℃左右，揭苫时的最低温度在2℃左右，这段时间天气变化较大。随天气变化掌握好温度是培育壮苗的关键。如果这段时间气温偏高，不采取通风降温措施，会造成幼苗徒长，长成节间长的高脚苗。这种苗很难获得早熟丰产，所以无论阴天还是刮风天气都要每天按时通风，以降低苗床内的温湿度，即使在下雪天的情况下也要打开苗床两头的塑料薄膜，使苗床内空气流通。注意放风时间要短，风口要小。

放风口的大小应以开始小些、少些，逐渐增加为原则，但应注意晴天大些，阴天或刮风时小些，尽量避免不放风。放风门一般从冷床的上口（北边）放起。这是一个循序渐进的过程，切不可急于求成，骤然加大加多风口。

第一片真叶展开到分苗，正处于严寒季节，这段时间最高温度掌握在 15～18℃左右，最高不超过 20℃，最低温度控制在 3～5℃。下午畦温降至 12℃时盖苫，揭苫最低温度为 2～3℃。分苗前的 7～8 天内要逐渐加大通风量，以增加幼苗在分苗时对外界环境的适应性。

为促进缓苗，使幼苗快速长出新根，在分苗后的 5～7 天里要把塑料薄膜尽量盖严，用细土封严，以提高畦内温度。畦温降至 16～18℃时盖苫，揭苫最低温度在 6～7℃。由分苗后到定植前这一阶段，平均畦温不应低于 10℃，以免幼苗经常遭受低温感应而先期显花球，影响产量和品质。这一时期为了尽量延长日照时数，最大限度地延长幼苗光合作用的时间，揭苫时间要适当提早，盖苫时间要适当推迟。

经过控温育苗和低温锻炼的幼苗表现为茎粗壮，节间短，叶片肥厚、深绿色，叶柄短，叶丛紧凑，植株大小均匀，根系发达。这种壮苗定植后缓苗和恢复生长快，对不良环境和病害的抵抗能力强，是夺取早熟丰产的基础。

(6) 起苗与囤苗 起苗前应先浇起苗水，起苗水的次数及大小应根据苗子的大小和畦土松散程度来决定。一般苗子已达到预定的生理苗龄，并在起苗时不致散坨，浇一次起苗水即可。起苗水可在起苗前 2～3 天浇，起苗时土坨以 10 厘米×10 厘米×8 厘米为宜，土坨过小，会伤根过多，不利于缓苗。起苗后将土坨整齐排列在原畦内，然后用潮湿土填缝进行囤苗，待3～4天新根长出后即可及时定植。

9. 花椰菜夏秋育苗的具体做法是什么？

(1) 苗床准备　育苗床要选择地势高燥、排水通畅、通风良好、土壤肥沃的地块，按1.7米与1米的间隔距离划线做畦埂，在1米畦的中心挖排水沟。排水沟深10～15厘米，宽30～40厘米，排水沟的两侧为压膜区（图4-1）。育苗床畦宽为1.7米，长为7米。育苗床施腐熟过筛的混合粪100～150千克，复合肥0.5千克，施肥后来回倒两遍，将土块打碎，以便粪土混匀。畦面耧平后用脚把畦面平踩一遍，然后用平耙耙平，做成平整的四平畦，以备播种。

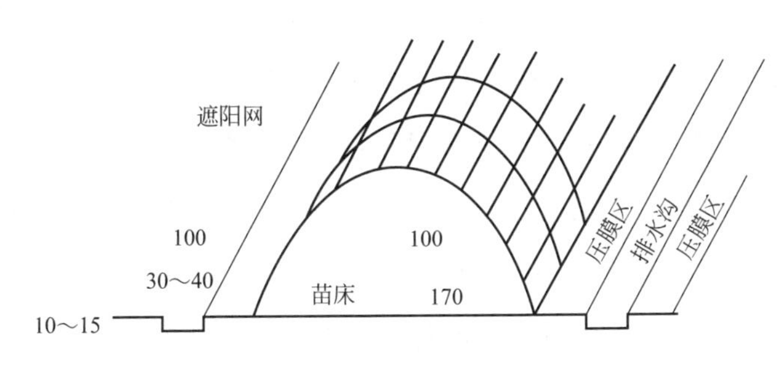

图4-1　苗床（单位：厘米）

(2) 播种　在事先准备好的苗床上浇1次透水，第二天按8～10厘米见方在苗床上划方格，然后在方块中央用较粗一点的竹竿扎眼，深度不要超过 0.5 厘米。等床面扎完眼，再喷一遍水，水渗下后撒薄薄的一层过筛细土，然后按穴播种，每穴 2～3 粒，使种子均匀分布在穴里，以便于间苗，播种后覆盖 0.3 厘米左右厚的过筛细土。

(3) 搭荫棚 秋花椰菜播种季节气温高，阳光强烈，易发生阵雨或暴雨，需要在荫棚下播种育苗，这是秋季保全苗的一项重要措施。搭荫棚可就地取材，搭成高 1 米左右的拱棚，上盖遮阳网或苇席（荫棚要比畦面宽一些），以降低苗床温度，同时要加盖塑料薄膜，一是保湿，二是防止暴雨对幼苗的冲击。如用塑料薄膜搭成拱棚，切忌盖严，四周须离地面 30 厘米以上，以利于通风降温，防止烤苗。出齐苗后，将塑料薄膜及遮阳网撤掉，换上窗纱，以防菜蛾侵害。

(4) 苗期管理 播种后 3～4 天幼苗出齐，应立刻去掉遮阳网及塑料薄膜，以免温度过高幼苗徒长；如 4 天后幼苗未出齐，应及时灌一次小水，以保证幼苗出土一致。一周后子叶展开及时间苗，每穴只留 1 株。

苗期要有充分的水分，一般每隔 3～4 天浇一次水，特别是早熟花椰菜更要及时浇小水，保持苗床见湿见干，要求最适宜的土壤湿度为 70%～80%，以促进幼苗生长。苗期水分管理是关键，绝不能控水，防止幼苗老化。当小苗长到 3～4 片叶时，应少量追施尿素。

整个育苗期要特别注意雨水的侵袭和害虫的危害，雨天要及时覆盖塑料薄膜，平时每周喷一次化学农药用以防虫，同时要及时拔除苗床内的杂草。

播种后30天左右幼苗可展开6～7片叶，要及时定植到田间，幼苗过大定植不易缓苗。

第五章

花椰菜栽培制度

1. 根据各地气候不同如何选择花椰菜的栽培品种?

花椰菜不同品种发育要求的温度不同，各地区的气候条件更大为不同，所以我国各地花椰菜的栽培季节相差甚大。南方地区可以周年播种，周年上市。如长江流域6月下旬播早熟种，9～10月供应；7～8月初播中熟种，11月至翌年1月供应；8月上旬播晚熟种，翌年春季4～5月供应；四季种可在11月中下旬育苗，5月初上市供应。华北地区以山东为例，主要在春、秋二季栽培。春季利用适于春季生长的品种，一般为中熟品种，抗寒性强者于12月底至1月上中旬育苗，3～4月定植，5月中旬至6月上旬收获；秋季于7月上中旬育苗，8月上中旬定植，利用耐热的秋花椰菜品种，可于9月底至10月初上市。秋季假植栽培的花椰菜，一般于8月上、中旬播种育苗，9月上、中旬定植，冬前阳畦保护，新年前后上市。

2. 花椰菜的栽培原则是什么？

尽管各地、各品种播种期不同，但原则是一样的：应把叶丛形成期安排在温暖季节，而花球形成期安排在凉爽季节；并利用不同品种的特性，排开播种，分期收获。

花椰菜品种间对温度的敏感性差异很大，其中早熟品种最敏感，播种期幅度较狭窄，既不能过早，又不宜过迟。中、晚熟品种对温度的适应范围较宽，但也应注意适期。

3. 花椰菜有哪几种多茬立体栽培模式？

(1) 春黄瓜间作春早熟花椰菜，秋延迟番茄间作花椰菜 该模式为两茬栽培，一年四种四作四收。华北地区于2月份扣大棚膜。黄瓜起垄栽培，垄间距80厘米，高15厘米。花椰菜于2月上中旬定植在黄瓜行间。黄瓜于3月中下旬定植。4月底花椰菜采收完毕，黄瓜于7月上旬拉秧。夏季休闲。第二茬栽培为秋延迟栽培番茄，隔畦间作花椰菜。

(2) 越冬芹菜间作平菇，春早熟黄瓜间作花椰菜，夏豆角间作草菇 该模式为三茬栽培，一年六作六收模式。越冬茬芹菜间作平菇。越冬芹菜8月中旬露地育苗，10月中旬定植大棚。定植时做成高低畦，高畦宽80厘米，低畦宽60厘米，深20厘米。芹菜定植在高畦上。11月上旬扣膜时，在低畦内堆入培养料，接种平菇，冬季畦面上扣小拱棚越冬。芹菜于春节前收获，收后于2月下旬定植2行早熟花椰菜。平菇于2月上旬出菇。3月中、下旬平整蘑菇畦，定植早熟番茄或黄瓜。5月上、中旬花椰菜收获，整地做高畦栽培草菇。6月上旬在黄瓜畦内套种豆角。6月下旬黄瓜拉秧。豆角畦下可套种二茬草菇。

(3) 春早熟番茄间作春早熟花椰菜 与春早熟黄瓜间作花椰菜相同。

(4) 豆角间作春花椰菜，韭菜间作秋芹菜 该模式为露地栽培。做畦宽1.5米。花椰菜1月上旬阳畦育苗，3月中旬每隔2畦种一畦，定植一畦花椰菜。4月上中旬空畦种架豆角，6月上中旬花椰菜收获后栽韭菜，豆角7月中下旬西瓜拉秧，8月中旬定植秋芹菜，芹菜10月中旬收获。10月下旬利用芹菜空畦做阳畦，韭菜行越冬栽培。

(5) 春早熟花椰菜套种西瓜，收西瓜种秋萝卜 该模式为露地栽培，一年三作三收。花椰菜1月上中旬在阳畦育苗，3月中旬定植。整地成大小畦，小畦宽50厘米，大畦宽 1 米。花椰菜定植在大畦内。西瓜于 3 月下旬阳畦育苗，4 月下旬定植在小畦内。5 月中旬收花椰菜，6 月下旬至 7 月上旬始收西瓜，7 月下旬西瓜拉秧。8 月上中旬种秋萝卜。

4. 春花椰菜栽培技术日历是什么？

该日历适于华北地区。育苗在风障阳畦中进行，定植在露地。

1 月 1 日（在风障阳畦播种育苗）。

1 月 2 日至 1 月 10 日（保持苗床白天温度 20℃左右，夜间 10～12℃，促进迅速出苗）。

1 月 11 日至 1 月 31 日（保持苗床白天 15～18℃，夜间 8～10℃，间苗 4 次）。

2 月 1 日至 2 月 4 日（保持苗床白天 15～20℃，夜间 8～10℃，浇水 1 次）。

2 月 5 日至 2 月 9 日（保持苗床白天 15℃左右，夜间 5～6℃，进行低温锻炼。2 月 9 日浇水，以便拔苗）。

2 月 10 日（分苗，分苗畦为风障阳畦）。

2 月 11 日至 2 月 15 日（保持育苗畦温度白天 20℃，夜间 10～12℃，促进缓苗）。

2 月 16 日至 2 月 20 日（中耕松土 1 次，保持白天

15～18℃，夜间8～10℃）。

2月21日至2月28日（浇一水，保持土壤见干见湿。保持白天15～18℃，夜间8～10℃）。

3月1日至3月5日（追肥1次，每公顷施尿素100千克。浇水1次。保持白天15～18℃，夜间8～10℃）。

3月6日至3月9日（保持白天15～18℃，夜间8～10℃）。

3月10日至3月15日（浇大水，切块。白天温度保持15℃左右，夜间5～6℃，进行低温锻炼）。

3月16日（定植于露地，也可定植在塑料小拱棚内）。

3月17日至3月20日（浇缓苗水1次）。

3月21日至3月25日（进行中耕1次）。

3月26日至3月31日（浇水1次，每公顷追尿素225千克）。

4月1日至4月10日（浇水1次，每公顷追复合肥100千克。土壤稍干，深中耕蹲苗）。

4月11日至4月15日（防治虫害1次）。

4月16日至4月20日（浇水1次，每公顷追尿素300千克。折心叶遮住花球）。

4月21日至5月5日（浇水，每4～5天一水，保持土壤湿润。每公顷追尿素300千克）。

5月6日至5月10日（浇水，每3～5天一水）。

5月中旬开始采收上市。

5. 秋花椰菜栽培技术日历是什么？

该日历适用于华北地区，露地栽培。

7月10日（播种育苗。露地育苗床育苗）。

7月11日至7月15日（每2天一水，保持土壤湿润，以利于出苗）。

7月16日至7月20日（每2～3天一水，保持土壤见干见湿。及时防治虫害。间第1次苗，间除过密、并生、弱苗）。

7月21日至7月29日（每2～3天一水。间第2次苗，苗距5～6厘米）。

7月30日（分苗，苗距10厘米×10厘米）。

7月31日至8月10日（每3～4天一水，保持土壤见干见湿。中耕1次。每公顷追施尿素100千克）。

8月11日至8月14日（浇水，切块）。

8月15日（定植）。

8月16日至8月20日（浇缓苗水1次）。

8月21日至8月25日（中耕1次。每公顷追尿素150千克，浇水1次）。

8月26日至9月5日（每3～5天一水，保持土壤见干见湿）。

9 月 6 日至 9 月 10 日（每公顷追复合肥 225 千克。浇水 2 次）。

9 月 11 日至 9 月 15 日（中耕蹲苗，5～7 天不浇水。及时防治虫害）。

9 月 16 日至 9 月 20 日（每公顷追复合肥 300 千克，浇水 2 次）。

9 月 21 日至 10 月 5 日（每 5 天一水，保持土壤湿润。折心叶遮光）。

10 月中旬收获上市。

第六章

花椰菜保护地栽培技术

1. 花椰菜保护地栽培技术有哪些?

花椰菜保护地栽培主要是指利用拱棚、改良阳畦和日光温室进行栽培。为了长年供应花椰菜，除了露地栽培花椰菜外，还需要利用这些设施进行生产。一般春提早和秋延后栽培利用大、中、小拱棚进行，秋冬和冬春季栽培利用改良阳畦和日光温室进行（表 6-1）。

表 6-1　京、津、冀一带花椰菜冬春保护地栽培主要形式

栽培形式	育苗方式	播种期	分苗期	定植期	供应期
改良阳畦	阳畦、日光温室	12 月上旬	1 月中旬	2 月上旬	4 月底至 5 月初
小拱棚(夜间加盖草苫)	阳畦、日光温室	12 月中旬	1 月下旬	2 月下旬	5 月

续表

栽培形式	育苗方式	播种期	分苗期	定植期	供应期
大中棚(内加薄膜双层覆盖)	阳畦、日光温室	12月上中旬	1月中旬	2月上旬	4月底
地膜覆盖	阳畦、日光温室	1月上中旬	2月上中旬	3月上中旬	5～6月

2. 花椰菜栽培如何选择优良品种？

花椰菜品种较多，根据从定植到采收的日期分为早熟、中熟、晚熟三种类型，栽培季节不同，选用的品种也不同。北方春季栽培应选用春花椰菜类型，如耶尔福、瑞士雪球、法国雪球、马特罗、荷兰春早、雪山、雪峰、荷兰48等春用品种或杂交一代种；秋花椰菜栽培应选择秋用型品种或杂交一代种，如白峰、夏雪40、夏雪50、津雪88、福农10号、云山1号、雪山等。

3. 花椰菜如何利用小拱棚进行早熟栽培？

一般在棚内表土层温度稳定在5℃以上，选寒流过去晴天无风的天气定植。华北地区适宜的定植期为3月上中旬，若小拱棚夜间盖草帘，或盖草袋等防寒保温设备，定植期可提早到2月下旬至3月上旬。定植前施足底肥，每亩施腐熟有机肥3500千克、过磷酸钙30～40千克、草木灰 20～30 千克，以利于花球的形成和发育。施足底肥后翻地、整平。一般做成宽 1.2～1.5 米的平畦，畦面上平铺地膜，每畦栽 3～4 行，株距为 35～40 厘米。定植前挖好定植穴，再把带土坨的幼苗放入穴中，然后埋土，使根与土密接，促发新根，随栽随支拱架并盖膜。

定植后，应闭棚 7 天左右，因为高温高湿有利于幼苗缓苗扎根。当缓苗后及时通风，使白天棚温保持在 20℃，夜间保持在 10℃，不低于 5℃。3 月下旬至 4 月上旬要逐渐加大通风量，以防止高温下植株徒长，白天维持在 18℃左右，夜间维持在 13～15℃。当外界最低温达在 8～10℃时，可进行昼夜通风，逐渐加大通风量直至撤棚。小拱棚覆盖只需 30 天左右，约 4 月中旬揭膜撤棚，转为露地生产。撤棚后的管理同露地栽培。

在花球长到拳头大小时，要摘叶或捆叶遮盖花球，使花球不受阳光直射。

小拱棚花椰菜于 5 月中下旬开始收获，这时花球已充分长大，表面平整，基部花枝略有松散，边缘花枝开始向下反卷而尚未散开。适时收获是优质高产的重要措施，如果过早收获，将降低产量；过晚采收，花球表面凹凸不平，松散，颜色发黄，甚至出现“毛花”，使品质变劣。收获时，注意每个花球外面带 5～6 片小叶，以保护花球免受损伤和污染。有的出口蔬菜加工厂在收获时，为了避免污染花球，先用草纸包住白色的花球，使叶片尽可能地护住花球，然后再采收。

4. 保护地栽培花椰菜如何浇水？

保护地栽培花椰菜要注意适时浇水，若浇水不当，会导致幼苗徒长或生长不良。适时浇水主要是要做到“三水一蹲”：“一水”是“定植水”，定植后马上浇定植水；“二水”是“缓苗水”，定植水浇后7～10天，浇缓苗水；“三水”是“蹲后水”，结束蹲苗后，加强肥水供应，以促进花球肥大；“一蹲”是指从定植水、缓苗水后控制浇水，直到长足叶片，株心小花球直径达3厘米的这个过程，称为“蹲苗”。蹲苗时间要适时，如果蹲苗时间过短，浇水过早，则易使植株徒长（疯秧）、结球小和散球；如果蹲苗时间过长，浇水过晚，会使株形小、叶片少、叶面积小等，造成营养体不足，散花球，球小、质差。

5. 花椰菜保护地栽培如何选择肥料？

基肥不足时，可在浇缓苗水时随水冲施粪稀，补充氮肥，促进缓苗后的及早发棵，以形成强健的莲座叶，为结好球、结大花球打好基础。蹲苗结束后，应及时增加肥水量，每次浇水每亩可随水施尿素或硫铵10～20千克，每隔10～15天追肥1次；或随水冲施粪稀，以促进花球肥大，促使品质鲜嫩；或叶面喷肥，在花球膨大后开始喷0.1%～0.5%的硼砂，隔3～5天喷1次，共喷2～3次。

6. 花椰菜缺素后会表现出哪些特征？

花椰菜缺素易造成病变。如缺钾，花球易产生黑心现象；缺硼，茎基部易开裂，严重时，花球呈褐锈色，味发苦；缺钼，植株矮化，叶片细长。蹲苗结束后，喷0.05%～0.1%的钼酸铵溶液2次，可防治缺素症。

7. 花椰菜早春和秋后栽培利用哪几种保护地类型？

早春和秋后栽培花椰菜主要利用塑料大、中拱棚。单层塑料大、中拱棚早春栽培选用春花椰菜品种类型，元月初在日光温室内播种育苗，播种后1个月分苗1次，3月上旬定植于棚内。如棚内设置小拱棚等多层覆盖的，可于2月中下旬定植。

8. 花椰菜如何进行大棚或中棚春季早熟栽培？

早春定植前20天左右扣膜烤地，提高棚内地温。施足基肥，深翻20～25厘米，整地做畦，畦宽1.2～1.5米，畦面上平铺地膜，每畦栽3～4行，株距35～40厘米。定植前挖好定植穴，把带土坨的苗栽于穴中，并埋土于幼苗根部，使根与土密接，促发新根。定植后注意防寒保温，下午4时至翌日上午9时，棚的四周要围草苫，7～10天内适当提高棚温，白天温度保持棚温在25～28℃，夜晚在13～15℃，一般不通风。缓苗后降温蹲苗7～10天，白天保持15～20℃，夜间12～13℃。开始通风时，以通顶风为主，以利于排湿降温；棚温超过22℃时，应在棚顶和棚边一起通风，棚内温度控制在25℃以下，以防徒长。结球期控制在18～20℃，当外界夜间最低气温达到10℃以上时，要昼夜大通风。需要注意的是，花球出现后控制温度不要超过25℃。

大、中棚定植初期棚温不高，水分蒸发量不大，可不急于浇缓苗水。通风后，选晴暖天气中耕，以保墒和提高地温，促进根系发育。定植后半个月，进行第一次追肥，每亩追施尿素10～15千克，施肥后随即浇水，并及时中耕，控水蹲苗。蹲苗结束时，小花球直径达3厘米左右，此时应加大肥、水，促花球膨大，随水冲施粪稀1000千克左右或硫铵20千克。整个花球发育期间，应防止土壤干旱，保持土壤湿润。如果空气干燥，将导致花球松散，品质粗老。在花球膨大期，叶面喷施0.01%～0.07%钼酸铵或钼酸钠，或0.2%～0.5%硼酸或硼砂。出现花球后，隔 5～6 天浇 1 次水，追肥 2～3 次。

9. 花椰菜如何进行大棚或中棚秋延后栽培？

宜选栽耐热、抗病、早熟丰产并适于秋季栽培的品种，如荷兰雪球、雪山、白峰等。7 月上中旬播种育苗。育苗场地应选土壤肥沃、排水良好的地块。播种应适时，不能过早，否则气温高易感病，植株易徒长，花枝细弱，花球松散，严重者会抽枝开花。反之，播种过晚，生长期短，再加上大棚保温性有限，会造成小花球多，产量低。因为苗龄短，可不分苗。苗床准备好后，浇水稀播，播种后盖上黑色塑料薄膜，保湿，保温，出苗后及时去掉覆盖物。于 8 月上中旬定植，苗床先浇水，以利于带土起苗，保护根系，防止散坨。

定植前，每亩施腐熟有机肥 5000 千克左右，并施入过磷酸钙 30～50 千克、草木灰 30 千克左右或硫酸钾 5 千克左右。行株距为（53～57）厘米×（46～50）厘米。定植水浇过后，过 2～3 天再浇 1 次缓苗水，以保持土壤湿润，进行浅中耕。花椰菜在整个生育期间均需较多的氮肥，因此，一是于缓苗后及时随水冲施硫酸铵 20 千克；二是于花球长至 2.5 厘米大小时，浇水追肥，保持 5 天左右浇 1 次水，10 天左右追 1 次肥，每次每亩施硫酸铵20～25 千克或尿素 10～15 千克。当外界气温下降时，蒸发和蒸腾量随之减少，可改为 7～8 天浇 1 次水。10 月中下旬后基本不再浇水和追肥。

在花椰菜生长期间，浇水后，当地表见干时，及时中耕松土，增强土壤通气性和保墒，促根生长。花球长到直径达 12 厘米左右时，摘叶盖花，以保持花球洁白。

9 月中旬以前大棚处于“天棚”状态，作物处于露地生长。9 月中下旬后盖棚膜，或把四周棚膜放下，白天打开通风口，保持 18～20℃，夜间 10℃左右。10 月中旬以后，温度逐渐下降，夜间应把棚四周围上草帘，最低温度保持 5℃以上，可短时间出现 1～2℃的低温。

秋花椰菜从 10 月起收获，11 月中旬收获结束。

10. 花椰菜如何进行日光温室秋冬茬栽培?

秋冬茬花椰菜日光温室栽培可选用雪山、荷兰雪球等苗期较耐热，成花期要求温度较低的秋花椰菜品种。

华北地区于 7 月下旬至 8 月上旬露地播种，8 月下旬到 9 月上旬（幼苗 2 叶 1 心）分苗 1 次，9 月下旬至 10 月初（幼苗 5～6 片真叶）定植，株行距为（30～35）厘米×（45～50）厘米。定植前，每亩施有机肥 4500～5000 千克，复合肥 20～30 千克，整地做畦。定植后马上浇 1 次水，缓苗后再浇 1 次水，而后中耕并轻度蹲苗。当大部分植株心叶拧卷，花球开始膨大时，结束蹲苗，然后开始加大浇水追肥力度，每 10 天浇水追肥 1 次，每次每亩施尿素 10～15 千克，并保持土壤湿润，收获前 7～10 天停止浇水。浇水宜在上午进行，浇水后注意通风排湿。

定植后要加强温度管理。9 月下旬至 10 月初扣上薄膜，扣棚后前期白天棚温较高，应注意降温，白天保持 20～22℃，夜间 10～15℃；傍晚室温降到 15℃左右时，关闭温室风口。随着气温逐渐下降，需注意保温，并加强采光管理。11 月中旬左右，室温降到 10℃左右时开始盖帘。花球开始膨大时，白天保持 18～20℃，并加强通风，夜间保持 10～12℃，清晨不低于 8℃。与春茬栽培相比，秋冬茬不用担心后期高温而导致散球，但需注意保温，室温最好保持不低于 8℃。秋冬茬花椰菜一般于 12 月中旬左右开始收获上市，管理得好的可于 12 月上旬收获。

11. 花椰菜如何进行日光温室冬春茬栽培？

冬春茬花椰菜栽培可选用春花椰菜品种，也可选用秋花椰菜品种。

华北地区于 11 上旬在日光温室或改良阳畦内播种，12 月上旬分苗 1 次，翌年 1 月上旬定植于温室。定植时，用喷壶浇水，以湿透土坨为宜，切忌大水漫灌或满畦灌，以免降低土温。因为地温过低，浇水量过大，会造成幼苗发黄，根系生长减慢，缓苗时间延长。缓苗后地温提高后再浇1次透水。土表稍干时，连续中耕松土2～3次，使土壤疏松，增强土壤透气性，以利于发根长叶。

从12月中旬到翌年1月中下旬，正处于低温期，温室内白天应保持20℃左右，夜间10～13℃，短时间5℃左右。中午温度不超过25℃时，不用通风，每周选两天晴朗的好天气于中午通风1小时，以交换温室的气体。2月上旬后，地温、气温回升，可逐渐加强通风，保持花球膨大所需的适宜温度，防止白天20℃以上高温持续时间过长，夜间保持10～13℃，以免影响花球膨大速度。

在花球如核桃大小时，加大浇水施肥力度，以促进花球膨大。整个花球膨大期间，应保持土壤湿润，防止土壤过干和缺肥。

冬春茬花椰菜一般于3月份开始收获。

第七章

花椰菜露地栽培技术

1. 花椰菜春季露地栽培如何定植和管理?

(1) 定植

① 定植时间　春花椰菜的适时定植很重要，定植过晚，成熟期推迟，形成花球时正处于高温时期，花球品质变劣；定植过早，遇强寒流，其生长点易遭受冻害，而且易造成先期显球，影响产量。一般在地下10厘米处地温稳定在5℃、平均气温在10℃左右才适宜定植。华北地区以3月下旬至4月初，河南、山东一带以2月下旬至3月初，东北、西北地区以4月底至5月初定植为宜。

② 合理密植　合理密植是争取丰产的技术措施之一。不同品种定植密度不同。早熟品种为畦宽1.2米（带沟），

每亩株数 2600～3000，株行距 0.4～0.5 米。中熟品种为畦宽（带沟）1.3 米，每亩株数 2200～2600，株行距 0.5～0.55 米。晚熟品种为畦宽 1.3 米（带沟），每亩株数 1800～2000，株行距 0.55～0.60 米。

（2）管理要点 农民形象地将管理要点概括为“四肥、三水、中耕花”。

① 施好“四肥” 一是施足基肥，在整地翻耕时每亩施农家肥 5000 千克，以及适量的过磷酸钙、氯化钾，做成地膜畦或平畦。二是施好“莲座肥”，莲座期浇水追肥，每亩施尿素 15～20 千克。如果此期缺肥，会造成营养体生长不良，花球早出而且易散球。三是追好“小花肥”，当部分植株形成小花球后追肥，15～20 天后再追 1 次。四是施好“膨大肥”，在花球膨大中后期可喷 0.1%～0.5% 的硼砂，3～5 天喷 1 次，共喷 3 次；或者喷 0.5%～1% 的尿素；或者喷 0.5%～1%的磷酸二氢钾。

② 浇好“三水” 即定植水、缓苗水、花球水。定植后马上浇第一次水，称为定植水，浇过定植水 4～5 天后，依土壤干湿状况再浇缓苗水（当基肥不足时，可在缓苗水中加肥，促进外叶生长）。花球水即出现花球后 5～6 天浇第一次水。出现花球后要保证水分供应，除了浇好“三水”外，还应保持 3～4 天浇 1 次水，一直持续到收获花球前的 5～7 天。

③ 及时中耕 浇过缓苗水后，待地表面稍干，即进

行中耕松土，连续 2～3 次，先浅后深，以提高地温，增加土壤透气性，促进根系发育。结合中耕适当给植株培土，以防后期植株倒伏。

④ 适时遮花　花椰菜的花球在阳光直射下，由白色变成淡黄色，甚至变成绿色或成为“毛球”，从而使品质降低。为此，当花球直径在 8～10 厘米左右时，要盖花防晒，使花球保持洁白。

(3) 收获　适时采收的标准是：花球充分长大，表面平整，基部花枝略有松散，边缘花枝开始向下反卷而尚未散开。适时收获是优质高产的重要措施。过早收获，产量降低；过晚采收，花球表面凹凸不平，松散，颜色发黄，甚至出现“毛花”，使品质变劣。收获时，每个花球外面带 5～6 片小叶，以保护花球免受损伤和污染。有的出口蔬菜加工厂在收获时为了避免污染花球，采用“先包法”，即首先用草纸包住白色的花球，使叶片尽可能地护住花球，然后再采收。

2. 花椰菜秋季露地栽培如何进行管理？

(1) 培育壮苗　秋花椰菜露地栽培育苗技术参见“夏秋育苗”。

(2) 定植　选择肥沃和排灌方便的田块，施足基肥

（一般以农家肥为主，每亩3000～4000千克，磷肥25千克）。一般当幼苗有6～8片真叶时可以定植，华北地区定植时间为7月中下旬至8月上旬。早熟品种以做成高25～30厘米、宽1.3米左右的畦为宜；中晚熟品种畦宽1.5米左右，一畦双行。早熟品种6～7片叶时，中熟品种7～8片叶时，晚熟品种8～9片叶时为定植适期。定植时间选早晨或傍晚，菜苗最好随起随种。

合理密植有利于提高产量。一般早熟品种从定植到收获40～60天，每亩栽2500株左右。中晚熟品种从定植到收获70天、80天、100天，每亩栽1800～2000株。晚熟品种从定植到收获120～130天，每亩栽1400～1600株；150～180天的晚熟品种，每亩栽1100～1300株。

（3）定植后的管理

① 合理排灌　花椰菜在整个生育期中，有两个需水高峰期：一个是莲座期，另一个是花球形成期。中早熟品种定植后，恰遇高温干旱，要特别注意水分的供给。

② 勤施追肥　花椰菜耐肥喜肥，需要足够的营养供应，才能喜获丰收。定植后除施足基肥外，还要勤追肥。前期茎叶生长旺盛，需要氮肥较多，至花球形成前15天左右丛生叶大量形成时，应重施追肥。在花球分化心叶交心时，再次施追肥。在花球露出至成熟还要重施2次追肥，每次每亩施20～25千克尿素，晚熟品种可增加1次。

③ 中耕除草　秋花椰菜一般不强调中耕蹲苗，可结

合中耕除草，采取小蹲苗的办法促进根系生长。一般在花球分化前适当中耕除草2～3次，使土壤疏松透气，排水良好，并促使根系生长发育，增强吸水吸肥能力。露花球前，要注意培土保护植株，防止大风将其刮倒。

(4) 收获 一般秋花椰菜从9月中旬左右开始陆续收获，直到气温降到0～1℃时全部收完。早、中熟品种花球形成较快，现花球后11～25天就可以采收，而晚熟品种则需要1个月左右，应适时采收。采收的标准是：花球充分长大，表面圆正，边缘尚未散开。也可用检查花球基部的方法判断适时采收期，即检查花球的基部，如果基部花枝稍有松散，即为采收适期，这时花球已充分长大，产量较高，品质也好。采收时，花球外留5～6片叶，用于运输过程中保护花球免受损伤，以保持花球的新鲜柔嫩。

第八章

生产中经常出现的问题和预防措施

1. 花椰菜不结花球的原因是什么？如何预防？

花椰菜只长茎叶，不结花球，造成绝产或大幅减产，其主要原因：一是秋播品种播种过早；二是春播品种用于秋播；三是春播品种播种过晚；四是营养生长期供应氮肥过多。

预防花椰菜不结花球的措施：正确选用品种；适期播种；创造通过春化阶段的条件；适当追肥；进行蹲苗等。

2. 花椰菜小花球的原因是什么？如何预防？

在收获时花球很小，达不到商品要求，或达不到品种特性要求的现象，称为小花球。其产生的原因如下：①秋播品种用于春播。秋播品种多为早中熟种，它们的冬性弱，通过春化阶段要求的温度较高，时间较短，故春播时迅速通过春化阶段而开始结花球。此时叶片、株体尚未长大，营养不足，故形成的花球较小。②秋季播种过晚。此时温度渐低，叶丛未能充分长大即通过春化阶段，于是很快形成花球，由于营养体小，花球也小。③播种陈旧种子、不饱满的种子和有病害的种子。萌发的幼苗生长势弱，茎叶不旺盛，通过春化阶段后，由于营养不良，也会形成小花球。

预防形成小花球的措施：选用纯正适宜的种子，播种期适当，加强田间管理，使植株在一定的生长期内完成营养生长。

3. 花椰菜先期现球的原因是什么？如何预防？

花椰菜在小苗期，营养生长尚未长足即现花球，这种花球僵小，该现象称为先期现球现象。其发生原因是：

① 秋播品种冬性弱，通过春化阶段容易，如错用于春播，则过早出现花球。

② 春季栽培播种过早，苗期长期低温，或缺少水肥，

株体受伤等，会影响营养生长正常进行，诱发提前形成花芽，早期现蕾。

③ 秋播过晚，温度渐低，通过春化阶段过速，亦会先期现球。

预防先期现球现象的措施同预防小花球。

4. 花椰菜毛花的原因是什么？如何预防？

毛花，系指花球表面形成绒状物的现象。多是采收过迟，或者遇到较高温度而引起花芽进一步分化，促使花柄伸长、萼片等花器形成。花球成熟期遇大雾天也易发生，早熟品种更易发生毛花现象。

预防措施：根据品种特性，适期播种和定植，加强肥水管理，适时采收等，可以减少毛花的产生。

5. 花椰菜青花的原因是什么？如何预防？

花球表面花枝上绿色萼片突出生长，使花球表面不光洁，呈绿色，这种现象称为青花。青花现象多是在花球形成期因连续高温天气造成的。

预防措施是适期播种，避开高温季节。

6. 花椰菜紫花的原因是什么？如何预防？

紫花，是指花球表面有不均匀紫色的现象。紫花是在花球临近成熟时，突然降温，花球中产生较多的花青素所致。幼苗胚轴紫色的品种易发生。在秋季栽培时，收获太晚时易发生。

预防措施是适期播种，适期收获。

7. 花椰菜散花的原因是什么？如何预防？

花球表面高低不平，松散不紧实为散花现象。其产生的原因：品种选用不当；收获过晚，花球老熟；水肥不足，花球生长受抑制；蹲苗过度，花球停止生长、老化；温度过高，不适宜花球生长；病虫危害等。

预防措施：①选用适于当地春季栽培的品种。从生产实践看，瑞士雪球、法国花椰菜、日本雪山等品种均适于北方春栽。②用营养钵、塑料袋育苗。营养钵和塑料袋应当大些，直径不应小于 8 厘米，苗期应满足其对水分和温度的要求，白天温度保持在 13～24℃，夜晚保持在 10～12℃，防止干旱，育成 5～6 片叶、叶片较大较厚、茎粗节短、根系发达的壮苗。③适期定植。④满足花椰菜对水肥的要求。

8. 花椰菜出现污斑花球的原因是什么？如何预防？

花椰菜生长过程中受暴晒和受虫粪、污土、污肥污染，缺乏微量元素等，均会使花球变成黄、红、黑等不正常颜色。

预防措施：及时折叶、束叶遮光；及时防治病虫害；增施微量元素等。

第九章 花椰菜病虫害防治

1. 花椰菜主要有哪些病虫害?

花椰菜病害主要有秋花椰菜的病毒病、黑腐病以及春、秋花椰菜育苗期间的霜霉病和猝倒病。虫害主要有菜粉蝶、菜蛾和蚜虫等。

2. 如何识别花椰菜病毒病? 防治方法是什么?

(1) 症状 幼苗受害后，叶片上出现褪绿圆斑，心叶明脉，轻微花叶。后期病叶呈现淡绿与浓绿相间的花叶症状，叶背面叶脉产生褐色坏死斑，叶片皱缩不平。严重时叶面畸形、皱缩，叶脉坏死，植株矮小甚至死亡。

（2）病原及发病规律 病原包括花椰菜花叶病毒、黄瓜花叶病毒、芜菁花叶病毒和烟草花叶病毒。病毒一般在田间生长的十字花科蔬菜、菠菜及杂草上越冬，翌年引起十字花科蔬菜发病。以蚜虫为田间主要传播媒介，病株种子不传病。高温干旱和幼苗发育不良时，较容易感病。秋菜播种期偏早的田块一般发病较重。

（3）防治方法 对病毒病没有特效药物，主要采取综合防治办法：①选用抗病毒病的品种；②适时播种，荫棚育苗，防止高温暴晒；③苗期要彻底防治蚜虫，防止传病；④大坨定植，定植后及时浇水，早缓苗快生长，防止在高温下感染病毒；⑤施用充分腐熟的有机肥料；⑥避免伤叶伤根，以减少病毒传播途径；⑦及早拔除发病株，清除毒源。

3. 如何识别花椰菜黑腐病？防治方法是什么？

（1）症状 苗期发病，受害幼苗子叶呈水渍状病斑，而后迅速枯死或蔓延到真叶。成株发病时多从下部叶片开始，病斑从叶部边缘先发生，然后向内呈“V”字形扩展，并沿叶脉继续蔓延，使叶片形成网状黄脉，坏死面积较大，病斑黄褐色，边缘呈浅黄色，病部叶脉变黑。

严重时，叶缘多处受侵，引起全叶枯死或外叶局部或全部腐烂。干燥时，病叶受害部分干而脆；空气潮湿时，病部腐烂并沿叶脉、茎维管束上下蔓延，病原在花球上为害，使花球出现黑色斑点，斑点逐渐扩大而影响花球的品质。

（2）病原及发病规律　病原为黄单胞杆菌，属细菌。病菌在种子内或采种株上及土壤病残体内越冬，一般可存活2～3年。病菌从幼苗子叶叶缘的气孔侵入，也可从成株叶缘气孔或伤口侵入。在田间借助雨水、灌水、田间操作、昆虫、肥料等传播，带菌的种子可远距离传播。病菌生长发育适温为25～30℃，高温高湿时发病较重。此外，连作、管理粗放可加重本病的发生。

（3）防治方法　防治黑腐病应从选用无病种子、无病土育苗、轮作、施净肥等方面进行综合防治。①对种子做消毒处理，种子处理可用温汤浸种法；或用链霉素、金霉素1000倍液浸种2小时，洗净后晾干；或用种子量0.3%的35%瑞毒霉粉剂加0.3%的50%福美双进行拌种。②轮作、深翻土地、施净肥、与非十字花科蔬菜和菠菜实行2年轮作，可解决土壤带菌问题。农家肥应充分腐熟后再施用，以确保肥料不带菌。③用无病土育苗，选用1年内未种过十字花科作物的地块作苗床。④及时防治害虫，减少传病媒介。⑤用药剂防治。在发病初期，喷洒1∶1∶200倍波尔多液，或抗菌剂“401”600倍液，或农用链霉素或新植霉素200毫克/千克溶液，或14%络氨铜水剂600倍液，或77%可杀得可湿性粉剂1500倍液，或72%农用硫酸链霉素可溶性粉剂4000倍液，每7～10天喷1次，连喷2～3次。

4. 如何识别花椰菜霜霉病？防治方法是什么？

(1) 症状 该病主要危害叶片。发病初期，病斑小，呈淡绿色，逐渐扩大成不规则的大病斑，呈淡黄绿色，受叶脉限制呈多角形或不规则形；湿度大时，叶背或叶面着生稀疏的灰白色菌丝。以后病斑变成暗褐色而干枯。

(2) 病原及发病规律 病原为霜霉菌。在北方，病菌主要以卵孢子在病残体和土壤中越冬，翌年萌发侵染花椰菜。它也能以菌丝体在采种株体内越冬，或以卵孢子附着在种子表面或随病残体混杂在种子中越冬，翌年侵染幼苗。在南方冬季种植过十字花科蔬菜的地方，病菌直接在寄主体内越冬，以卵孢子在病残体、土壤和种子表面越夏，再侵染秋花椰菜。温湿度是影响霜霉病发生与流行的关键因素。孢子囊和卵孢子萌发的最适温度为7～13℃，侵入寄主的最适温度为16℃，菌丝体在寄主体内生长则要求20～24℃。高湿有利于孢子囊的形成、萌发和侵入。北方地区，莲座期以后至产品形成期，如气温偏高，雨水多或田间湿度大，昼夜温差大，病害易于流行。

(3) 防治方法

① 种子消毒　从健壮株上采收种子，播种前用75%百菌清可湿性粉剂拌种，用药量为种子量的0.4%。

② 合理轮作　与非十字花科作物隔年轮作，并应防止与十字花科作物邻近。

③ 加强田间管理　幼苗期及时拔除病株；定植后，合理灌溉和施肥；收获后，及时清洁田园，进行秋季深耕。

④ 药物防治　发病初期或出现中心病株时，应立即喷药，特别是老叶背面应喷到。可选用12%绿铜乳油600～800倍液喷雾，其他常用药剂有75%百菌清可湿性粉剂600倍液，65%代森锌可湿性粉剂500倍液，72.2%普力克水剂600～800倍液，40%磷酸铝可湿性粉剂150～200倍液，40%疫霉灵可湿性粉剂1200倍液，50%甲霜灵1500倍液，40%三乙膦酸铝可湿性粉剂150～200倍液，64%的杀毒矾可湿性粉剂500倍液，每7～10天喷1次，连喷2～3次。也可每亩用杜邦克露133～167克兑水50～60千克喷洒，每7天喷1次。保护地内最好用45%百菌清烟剂熏烟，每次用药200～250克，傍晚密闭棚室熏烟，隔7天熏1次，连熏3～4次。

5. 如何识别花椰菜猝倒病？防治方法是什么？

(1) 症状 种子发芽后出土前染病，近表土处的幼苗茎部出现水渍状病斑，变软，病部缢缩成线状，迅速扩展绕茎1周，幼苗倒伏枯死。

(2) 病原及发病规律 病原为瓜果腐霉菌。病菌能在土壤中营腐生生活，其卵孢子或菌丝体在病残体或土壤中越冬，能存活2～3年。在土温15～20℃时繁殖较快，30℃以上生长受抑制。在苗床低温、遇阴雨或温暖多湿、播种过密、浇水过多等情况下，产生孢子囊和游动孢子，从根部、茎基部侵染发病。病菌主要通过风、雨和流水传播。

(3) 防治方法

① 药剂拌种 用相当于种子量0.3%的65%代森锌可湿性粉剂拌种，或进行苗床消毒。

② 加强苗期管理 播种要均匀，幼苗出土后逐渐覆土，避免低温、高湿条件出现。幼苗长到2～3片真叶时进行分苗，最好用育苗钵分苗，分苗后适当控水，并分次覆土。

③ 药剂防治 可使用70%敌克松可湿性粉剂1000倍液，或75%百菌清可湿性粉剂1000倍液，或50%福美双可湿性粉剂500倍液喷洒病苗周围土壤，以控制其蔓延。

苗床内施药后湿度增加，可撒少量干土或草木灰，以降低床土湿度。

6. 如何识别花椰菜黑斑病？防治方法是什么？

(1) 症状 主要危害叶片叶柄。发病初期，病部产生小黑斑，温度高时，病斑迅速扩大为灰褐色圆形病斑。严重时，病斑汇合成大斑，致使叶片变黄早枯。

(2) 病原及发病规律 病原为芸薹链格菌，属于真菌性病害。病菌在病残体上、土壤中、采种株上以及种子表面越冬。病菌分生孢子的萌发温度为1～40℃，最适温度为28～31℃，菌丝生长适宜温度为25～27℃。分生孢子可从寄主气孔或表皮直接侵入，在一个生长季节中可多次重复侵染。分生孢子借助风雨传播，扩大蔓延。

(3) 防治方法

① 加强田间管理 深翻土地，合理密植，及时清除病残体。与非十字花科作物隔年轮作。

② 种子消毒 用50℃温水浸种20～30分钟，晾干后播种。

③ 药剂防治 发病前或发病初期喷药，有效的杀菌药有70%代森锌可湿性粉剂400～500倍液、75%百菌清可湿性粉剂500～600倍液、50%速克灵可湿性粉剂

500倍液、40%克菌丹可湿性粉剂400倍液、农抗120水剂200倍液、47%加瑞农可湿性粉剂600～800倍液等，各种农药轮换使用，每7～10天喷1次，连喷2～3次。

7. 如何识别花椰菜黑胫病？防治方法是什么？

(1) 症状 苗期感病，子叶、真叶及幼茎上出现浅灰色不规则形的病斑，病斑上散生很多小黑点。茎上病斑稍凹陷，边缘紫色，严重时主、侧根全部腐朽死亡，植株萎蔫。成株和种株受害后，多在较老的叶片上形成圆形或不规则形病斑，中央灰褐色，边缘淡褐色至黄色，斑上生出许多黑色小粒。花梗及荚角上的病斑与茎部相同。

(2) 病原及发病规律 病原为黑胫茎点霉，真菌。病菌能在种皮内或采种株的病组织中越冬，也能在土壤、病残体和堆肥中越冬。潮湿、多雨或雨后高温，容易发生此病；种子在土壤中萌发时，种皮上的病菌即侵入子叶，然后侵入幼茎进行初侵染，以后从患部产生分生孢子器和分生孢子，重复侵染健株。分生孢子在水中几小时即可萌发芽管，从寄主的伤口、气孔、水孔和皮孔侵入。分生孢子主要借助雨水、灌溉水传播，也可借助甘蓝蝇、种蝇幼虫等传播。

(3) 防治方法

① 从无病株上采种或进行种子消毒（用50℃温水浸种20分钟，进行种子消毒）。

② 加强栽培管理。用无病土育苗或进行床土消毒，每平方米用50%多菌灵可湿性粉剂8～10克，拌成药土（掺细干土1～1.5千克），均匀撒在苗床上，然后播种。播种不可过密，浇水不可过多。保护地育苗时，气温不要超过23℃，及时分苗、定植，防止伤根，严格剔除病苗。采用高畦栽培或进行培土，雨后及时排水。

③ 药剂防治。在苗期或定植后发现少量病株时，在发病初期用60%多福可湿性粉剂600倍液，或40%多·硫悬浮剂500～600倍液，或70%百菌清可湿性粉剂600倍液喷雾，每隔9天喷1次，喷1～2次。

8. 如何识别菜粉蝶为害？防治方法是什么？

(1) 为害特点　菜粉蝶幼虫称菜青虫。老熟幼虫为青绿色。以幼虫取食叶片，初龄幼虫在叶背食叶肉，残留表皮呈小凹斑；3龄后食量大增，将叶缘咬成孔洞或缺刻或网状，严重时将幼苗叶片吃光，只留下叶脉和叶柄；后期为害花球，并排出粪便污染花球，遇雨引起腐烂，严重影响花椰菜的质量和产量。

(2) 发生规律 北方1年发生3～5代，主要以蛹在墙壁、篱笆、风障、土缝及杂草等较干燥和隐蔽处越冬。菜粉蝶适宜阴凉气候，菜青虫发育的最适温度为20～25℃，相对湿度为76%左右。5月中下旬至6月、8月中旬至9月为盛发期。

(3) 防治方法 菜青虫3龄前，耐药性较弱，此时是防治的最佳时期。

① 生物农药防治 用青虫菌800～1000倍液、7216生物农药500倍液喷洒或与化学农药混用，或用BT乳剂800～1000倍液喷洒，效果也很好。

② 化学防治 集中防治3龄以前幼虫，效果良好。可在药液中加入适量黏着剂，以提高防效。在卵孵化盛期，选用BT乳剂200倍液，或5%抑太保乳油2500倍液喷雾；幼虫2龄前，选用50%辛硫磷乳油1000倍液喷雾。农药要交替喷施。同时，人工诱捕成虫和幼虫，能获得良好效果。

9. 如何识别菜蛾为害？防治方法是什么？

(1) 为害特点 幼虫为害叶片、嫩茎和幼荚。幼龄虫仅能取食叶肉，留下透明表皮，3～4龄幼虫能将叶片食成孔洞或缺刻，只剩下叶脉。

(2) 发生规律　华北地区 1 年发生 4～6 代，在北方地区以蛹越冬，在南方地区则以成虫越冬。成虫昼伏夜出，有趋光性。每年 5～8 月为害最重。幼虫极易产生耐药性。

(3) 防治方法

① 诱杀成虫　在菜蛾发生期间，每 2～3 公顷菜地安装 1 盏黑光灯进行诱杀。

② 生物及药物防治　菜蛾对拟除虫菊酯类及有机磷杀虫剂有较强耐药性，每亩用 BT 药剂、2.5%杀虫水剂各 150 毫升混合，兑水 75 千克喷洒。或用 5%抑太保乳油，或 5%农梦特乳油各 3000 倍液，或灭幼脲 1 号及 3 号制剂 500～1000 倍液喷洒。卵孵化盛期，每亩用 5%锐劲特悬浮剂 17～34 毫升，加水 50～75 千克喷洒。幼虫 2 龄前，用 1.8%阿维菌素乳油 3000 倍液喷洒。以上药剂要交替使用或混用。

10. 菜蚜为害的特点及防治方法是什么?

(1) 为害特点　菜蚜主要吸食寄主叶茎汁液。被害植株失水卷曲，轻则叶片发黄，重则植株畸形。蚜虫能传播各种病毒，危害大。

(2) 防治方法

① 诱杀和避蚜　在花椰菜田间设置黄皿和黄板诱蚜，用60厘米×40厘米长方形纸板，涂黄漆后再涂上1层机油，挂在田间，每亩挂30～40块。当黄板粘满蚜虫、白粉虱等害虫时，再涂1层机油。挂银灰色膜条避蚜，膜条宽12～23厘米，高度1米以下。

② 生物防治　保护和释放寄生性天敌昆虫蚜黄蜂。

③ 药剂防治　每亩用50%避蚜雾可湿性粉剂15～18克，兑水30～50千克喷洒，对菜蚜有防治特效，而且不杀伤菜蚜天敌和蜜蜂。或喷洒10%吡虫啉可湿性粉剂1500倍液，每6～7天喷1次，连喷2～3次。或喷洒50%的灭蚜乳油1000～1500倍液。药剂可加入适量黏着剂。在保护地内，每亩可用22%敌敌畏烟剂0.5千克，在傍晚收工前将大棚密闭熏烟。

第十章 花椰菜贮藏与加工技术

1. 花椰菜的贮藏技术有哪几种？

（1）假植贮藏 把未长成花球的植株假植在温度条件适宜的地方，原有植株叶、茎、根中的养分向花球器官运输，使花球逐渐长大，最终长成符合收获标准的花球。这种做法称为假植贮藏。适宜假植贮藏的植株：一种是在大棚内，花椰菜由于栽培较晚，一部分长成符合标准的花球可收获，另一部分未能长成符合收获标准的花球；另一种是使用比较晚熟的品种，多数植株因棚内温度低，不能继续生长，花球只能长成鸡蛋或拳头大小。

（2）窖藏 利用自然调温的办法，尽量维持花椰菜所要求的贮藏温度。建窖时，先在地面挖 1 个坑，窖顶铺设木料、秸秆，并盖土，开设1～2个窖口（天窗），供出入和通风之用。花椰菜入窖前，应对菜窖进行消毒灭菌（可用0.5%的漂白粉液喷洒），而后将挑选并整理好的花椰菜带2～3层叶片捆在一起，保留花椰菜根长3～4厘米，而后装筐，码垛在菜架上，也可用薄膜覆盖，但不要封闭。每天轮流揭开一侧的薄膜通风。

花椰菜贮藏适温为1～2℃，相对湿度为90%～95%。如果室温高于8℃时，应及时打开通风孔保持适温，否则花球容易变黄、变暗，会出现褐斑，甚至腐烂、抽薹、萎缩。如果室温低于0℃时，容易发生冻害，使花球呈暗青色或出现水浸状斑，导致品质下降。这时，应加强保温工作，关好门窗，堵严通风孔。如在贮藏过程中湿度过低或通风的风速过快，则花球会失水萎蔫。花椰菜在贮藏过程中有明显的乙烯释放，这是花球变质衰老的主要原因。

冬季窖藏的温度管理大致可分为3个阶段：第一阶段为入窖初期，此时窖内温度较高，湿度较大，应加强通风换气，以降低窖内的温度和湿度。第二阶段是进入寒冷季节以后，窖温显著下降，此时应减少通风，以保温为主，防止发生冻害。第三阶段是立春以后，气温、窖温逐渐回升，此时要尽量减缓窖温回升的速度，白天封闭气孔和天窗，防止外界热空气进入，夜间打开通气孔和天窗，放入冷空气。

(3) 气调贮藏法　气调贮藏环境：温度 0～1℃，湿度 90%～95%，氧气浓度 2%～3%，二氧化碳浓度 3%～4%。管理上主要是封闭和调气两个方面。把加工好的花椰菜码放在货架上（架长 4 米，架宽 1.5 米，架高 1.5 米）。货架使用前要用 0.5%的漂白粉仔细擦洗干净。货架分 4 层，顶部每层放 1 层花椰菜。货架最上层留点空间放 20∶1 的高锰酸钾载体，以吸收花椰菜释放的乙烯，提高保鲜效果。高锰酸钾载体放好后，货架罩上 0.07～0.1 毫米厚的聚乙烯薄膜帐。货架底部垫同样厚的聚乙烯薄膜。然后，把帐和架底两方面的薄膜合在一起，使帐密封。其后，测定氧气和二氧化碳的浓度，一般每两天测定 1 次。若二氧化碳浓度在 5%以上时，应在帐底部的薄膜上撒些消石灰，以吸收过多的二氧化碳。帐内氧气的浓度应保持在 2%～3%之间。为了避免氧气浓度上升，提高花椰菜的保鲜效果，应尽量减少开帐的次数。同时，注意温度要恒定，尽量使气调帐内不出现或少出现凝结水。如果帐内有水珠，应及时用布擦干，防止水珠落到花椰菜上而引起花球霉烂。

(4) 纱布围藏　把经过挑选的花椰菜根朝下，顶朝上，分层堆放在竹架上；用福尔马林 300 倍液将白纱布或白布进行消毒，将白纱布或白布覆盖在贮藏架四周，就可达到贮藏要求。白布应每天或隔 1 天消毒 1 次，要求将布全部放入消毒溶液中浸 5 分钟左右，然后沥干到不滴水为标准。此法既可增加贮藏环境中的湿度，减少花球水分的蒸发，又可防止霉菌侵入，减少花球腐烂变质。

(5) 挂藏 把花椰菜连根拔起，适当留一些外叶，沿着花球叶梢处，用稻草围好扎紧，倒挂在屋檐下即可，但要防止阳光直接照射。此法适合于菜农自家少量贮藏。

(6) 保鲜膜单花球套袋贮藏法 花椰菜贮藏前，用克霉灵等药物做熏蒸处理，每10千克花椰菜用1～2毫升药剂。具体做法是：将选好的花椰菜放入密闭容器，用碗、碟等盛一定量的药剂或用棉球、布条等蘸取药液放在花椰菜空隙处，密闭24小时。熏蒸处理后的花椰菜，每个花球单独装入1个保鲜袋，折口，放入筐（箱）中，在0～2℃下贮藏。贮藏温度不能低于0℃或长期高于5℃。有条件的，最好用通风库或冷库贮藏。

(7) 控温贮藏法（机械冷藏） 控温贮藏法是在冷藏库中利用机械制冷系统的作用，将库内的热量传送到库外，使库内的湿度降低并控制在适宜的水平，以延长花椰菜的贮藏期。此法的优点是不受外界气温的影响，可以长年维持库内所需要的低温；冷库内的温度、相对湿度以及空气的流通都可以调节，使之满足贮藏花椰菜的要求。其缺点是费用较高。使用控温贮藏，将贮存温度控制在0～2℃，可较长时间地对外供应花椰菜。蔬菜出口主要是采用控温贮藏法进行贮藏保鲜。

 花椰菜假植分为哪几种？

(1) 棚内假植

① 挖沟　于棚内挖宽1.5～2米、深40～60厘米的长方形沟，沟的长度依存放花椰菜的多少确定。沟壁要平整，不能凹凸不平，以免擦伤菜体。

② 整理　当棚内出现轻霜时，把花椰菜的植株带土坨连根刨起，搬运过程中要轻拿轻放；注意保护健壮的叶片，避免其受到损伤，去掉黄叶、老叶和病叶。

③ 假植　将花椰菜一株一株地密排在沟内，用土埋住根部。如果土壤湿润，可不浇水或少浇水；若土壤干燥，可稍浇水，以保持一定的土壤湿度。假植初期，沟上白天应盖草帘防晒和增温。随着温度的下降，夜间要盖帘，白天揭帘。应使沟内温度保持在5～8℃左右，不能低于0℃。经过30～40天假植，原来的小花球可长成大花球。如果原来植株上的花球较大，而且健壮外叶较多，温度较高时，由小花球长成大花球所需的时间会缩短。

(2) 温室或改良畦假植

① 挖沟　在温室内挖宽约20厘米、深25厘米的浅沟，沟壁要平整，将沟壁的石块、瓦砾等去掉，以防擦伤菜体。

② 整理　将移植的花椰菜的黄叶、病叶摘掉，捆好保留的绿叶，连根带土坨起出。土坨的大小与浅沟的深

浅、宽窄要一致。

③ 假植　将花椰菜一株一株地紧密摆在沟中，用土埋住根部。土壤较干时，可浇 1 次水，但浇水后不能积水。如果缺肥时，可随水追施少量化肥，浇水后及时进行通风排湿。室内夜温低于 5℃时，应加盖草帘，保持夜间温度为 5～8℃。花球长大以后便可收获。

3. 保鲜花椰菜的生产工艺流程是什么？

保鲜花椰菜的生产工艺流程如下：原料收购→运输→剥皮→整理→分级→包装→计量→入库。

(1) 原料收购　原料收购标准是：具有品种固有的形状，品质新鲜，色泽洁白；无腐败，无变质，无病虫害，无机械伤（允许有轻微机械伤）；花蕾细密洁白，蕾枝白色粗短，有明显光泽；口感脆嫩，无粗纤维感；球体端正，结球紧实，无裂球，无冻伤，无伤残，无裂口；外叶适当切除。单个重约 0.5 千克以上。到菜田收购时，可先用包装纸包住球体，而后留 7～8 片叶护住花球。

(2) 运输　单个球体轻拿轻放，放于塑料周转箱中，长途运输前应进行预冷。运输过程中适宜的温度为 1～4℃，相对湿度为 85%～90%。在运输过程中，注意防冻，防雨淋，防晒，通风散热。

(3) 剥皮　剥去花球外部散叶、老叶和黄叶，一并将外部附着的泥土、草秸等去掉。

(4) 整理　保留根基约1厘米，切掉多余根部，并将根部泥土等擦净。每个花椰菜留5～6片叶，用刀将多余叶片切去，留叶的基部8～10厘米。

(5) 分级　按照花椰菜花球直径分为以下等级：S级，花球直径9～11厘米；M级，花球直径11～13厘米；L级，花球直径13～15厘米；2L级，花球直径15～17厘米。也有的客商是如下分级的：S级，花球直径8.5～10.5厘米；M级，花球直径10.5～12.5厘米；L级，花球直径12.5～14.5厘米；2L级，花球直径14.5～16.5厘米。

(6) 包装　将用包装纸包好的单个花椰菜平放于出口包装中。目前，出口花椰菜的包装有两种：①标准纸箱，长（内径）500毫米，宽（内径）350毫米，高（内径）170毫米；②柳条筐，每筐净重25千克。

(7) 计量　用电子秤进行计量。

(8) 入库　贮存时应按品种、规格分别贮存。贮存温度应保持在1～4℃，空气相对湿度保持在90%～95%。库内堆码应保证气流均匀流通。

4. 脱水花椰菜的加工工艺流程是什么?

脱水花椰菜的加工工艺流程如下：选料→整理和清

洗→烫漂护色→脱水→成品挑选→包装。

（1）选料 供脱水加工的花椰菜花球要大，直径不小于9厘米；结构紧密、坚实，肉色洁白而鲜嫩；花球厚，花枝短，球面无茸毛及粉质。原料进厂后应堆放在阴凉处，注意防止重压而引起碰伤、压坏。堆放时间不得超过1天。

（2）整理和清洗 首先除去花球的外叶和基部，而后将花球切分成一个个小花球。要求小花球大小基本均匀，直径为1厘米左右，带柄1.5厘米。

（3）烫漂护色 将小花球放入20毫克/千克的柠檬酸溶液中浸15分钟，液温为25～40℃，浸后沥干，再放入沸水（清水）中烫漂3～4分钟，取出迅速入冷水中冷却，以冷透为度。冷却后的花椰菜于20毫克/千克的柠檬酸溶液中浸2分钟。

（4）脱水 将处理后的花椰菜均匀地摊入烘筛中，立即入烘房。烘房温度保持在55～60℃，烘到产品含水量为6%时出烘房。

（5）成品挑选 挑出花椰菜中的杂质及变色的花椰菜干，操作要快，挑选结束后尽快包装，以防止吸潮。

（6）包装 采用听装包装，成品含水量不得超过7.5%，每听装10千克，箱内衬牛皮纸，一箱装两听，装好后用焊锡密封，不得有漏气。听外涂上防锈油，然后装入纸板箱。产品呈黄白色或青白色。

5. 速冻花椰菜的加工工艺流程是什么？

速冻花椰菜的加工工艺流程如下：选料→切分→清洗→漂烫→速冻→包装。

(1) 选料　要求花球洁白，大花，品质新鲜，无病虫害，无腐败、变质，无机械伤或允许有轻微机械伤；花形周整，花蕾细密洁白，蕾枝白色粗短，有明显光泽，口感脆嫩，无粗纤维感；球体端正，结球紧实，无裂球，无冻伤，无伤残、裂口。

(2) 切分　加工时，首先将花球洗净，先切去外叶和叶柄，再切分成适当大小的块。

(3) 清洗　将切分好的花块进行清洗，重点洗去花块所沾的泥土、沙砾、异物等，冲洗2～3次。

(4) 漂烫　清洗干净后，放入100℃沸水中漂烫1～2分钟。为了防止花椰菜变色，一般用蒸汽漂烫代替热水漂烫。蒸汽漂烫一般需4～5分钟。为了保持花球的洁白颜色，可在热水中加入0.1%的柠檬酸。

(5) 速冻　将花块从热水中捞出，快速冷却至10℃以下，于振动沥水机上沥水，送入单冻机内冻结。

(6) 包装　冻结后按照客户要求包装。

第十一章

花椰菜采种技术

1. 花椰菜如何进行采种?

花椰菜商品花球的花器官只分化到花序阶段，以后遇适宜的气候条件，再经 30～50 天才能抽薹开花。花椰菜抽薹开花和授粉、受精的适宜温度为 15～19℃，13℃以下或 21～25℃以上均不易结籽。雨多、湿度大时昆虫活动少，影响传粉和结籽，且易引起花球腐烂。采种时，须将种株的开花结籽期安排在温度适宜的月份内，以便得到良好的效果。

采种方法有多种，以半成株采种应用较多，种子纯度也比较高。由于春、秋两季适用的花椰菜品种特性不同，种株的播种期也有差别。

2. 春花椰菜如何进行采种？

8月下旬至9月上中旬育苗。播种过早，容易在年前现花蕾，降低植株耐寒力而不利于越冬；迟播，开花期遇高温多雨，影响种子产量。10月中下旬定植于改良阳畦、阳畦或温室内，栽植密度为（35～40）厘米×（30～33）厘米，栽后浇水，5～6天后再浇一水，中耕松土，过冬时浇越冬水。也可在浇第二次水后，畦面铺地膜保墒，减少以后浇水次数和降低室内湿度。

11月上中旬覆膜，初期可经常通风，以后夜间加草席保温并减少通风量。进入1月天气严寒，可盖双层草席保温。1月底至2月上旬出现花球后注意防冻，保持室内白天8～10℃左右，夜间2～4℃。2月中下旬起可逐渐通风，并缩短盖草席时间。

花椰菜的开花结籽主要依靠种株的老叶制造养分，各级花枝不长小叶。因此，越冬期间应尽量保护种株叶片健壮生长而不脱落，这是提高花椰菜采种量的主要措施。管理过程中应防止湿度过大和高温引起徒长而落叶，或温度忽高忽低，使叶片受冻。

花球形成后进行一次选择，拔去过早或过晚现花球、毛球和紫花球等异常株。花球成熟后，选节间短、茎直立、叶片少、叶柄较短、花球大而厚的植株作母株。

花椰菜的花球由五级分枝组成，小分枝很多，花球散开后，选晴天割去花球中间1/3～1/2的花枝，适当疏除边缘过密的花枝，每株留4～6个花枝，集中养分促抽薹开花。割口涂抹草木灰或500倍代森锌液防腐。3月中旬至4月初抽薹，据北京观察，4～5月盛花期时改良阳畦内的温度为17～20℃左右，正符合花椰菜开花和授粉的要求，结籽量多。花枝伸长后浇水追肥，以后一周左右浇一水，直到黄荚。盛花期和谢花后各追一次肥或者一次清水，肥水交替浇施。结荚期可喷0.2%～0.5%磷酸二氢钾和硼酸液，每周喷1次，共喷2～3次，以提高采种量和促进种子饱满。抽薹后给种株支30～40厘米高架，扶住花枝，利于通风透光和防止种株倒伏。随时打去基部老叶。

华北北部、东北和西北等地，春、夏季温和少雨，6～8月平均气温不超过24℃，春季栽培的花椰菜，结花球后当年可以采种。1月下旬至2月上中旬温室播种育苗，4月初前后定植于大棚内、阳畦或露地。形成花球后去杂去劣，7月上中旬抽薹开花后及时浇水追肥，疏去过密花枝，每株留3～5个花枝，结荚后期摘除顶部花，促种子成熟和饱满，9月中旬左右采收种子。

3. 秋花椰菜如何进行采种?

10 月中下旬温室播种或 10 月上旬改良阳畦育苗。播种过早，年前容易现蕾，开花时传粉昆虫少而影响种子产量。10 月底至 11 月初分苗，12 月上旬定植于改良阳畦或温室内。越冬和越冬后的管理与春花椰菜采种大致相同。

4. 花椰菜一代杂种如何进行制种?

不论是利用自交不亲和系方法制种，还是利用品种间杂交制种，都要注意以下几点：

(1) 亲本原种要纯　如果利用自交不亲和系制种，亲本原种采用人工蕾期授粉的方法繁殖。

(2) 双亲比例要协调　一般采用父母本 1∶1 的行比隔行定植。

(3) 要使两亲的花期一致　如果两亲花期相差过大，可采用错开播种期的方法调节花期，花期早的亲本晚播种，花期晚的亲本早播种。其他田间管理同一般常规品种的采种技术。

第二篇

绿菜花优质高效栽培技术问答

第一章

生物学特性

1. 绿菜花的生长发育分为哪几个阶段？

绿菜花的生长发育阶段与花椰菜相同，亦分发芽期、幼苗期、莲座期、花球形成期、开花结实期，各发育阶段的时期界限也与花椰菜一样。

2. 绿菜花生长对温度有何要求？

绿菜花对环境条件的要求与花椰菜相似，喜凉爽的气候，但其耐寒、耐热力均较强，适应温度范围较大，生长温度为5～30℃。但生长发育阶段对温度的要求有所不同。

种子发芽温度范围为 10～35℃，最适发芽温度为 20～25℃。幼苗期生长适温为 15～20℃，可忍耐－10℃的低温和抗 35℃的高温。莲座期生长适温为 20～22℃，花球发育适温为 15～18℃，温度高于 25℃时，花球发育不良，植株易于徒长，花球大小不匀、品质变劣；炎热干旱时，花蕾易干枯或散球，或者抽枝开花。温度在 5℃以下时，则生长缓慢。只要不受寒害，在低温下可以正常生长。

绿菜花通过春化阶段，亦即从叶片生长转变为花球形成，需要有相当大小的植株和一定的低温条件。早熟品种茎直径达到 3.5 毫米，在 10～17℃的温度条件下，20 天完成春化；中熟品种茎直径达到 10 毫米，在 5～10℃温度条件下，20 天完成春化；晚熟品种茎直径在 15 毫米，在 2～5℃的低温条件下，30 天完成春化。由于不同栽培季节温度条件不一样，掌握不同品种的花芽分化特性，对于选用适宜的品种是非常重要的。一般中、晚熟品种多作冬春季栽培，早熟品种多作夏秋季栽培，极早熟品种则只能作秋季栽培。

3. 绿菜花生长对光照有何要求？

绿菜花在生长发育中具喜光特性：一是种子发芽具有

喜光性，在有光照的条件下才能发芽良好；二是光照充足也有利于植株生长健壮，形成强大的营养体；三是光照充足，有利于光合作用及养分的积累，使花球紧实致密，颜色鲜绿，产品质量好。

4. 绿菜花生长对水分有何要求？

绿菜花叶片生长旺盛，生长期和花球形成期需水量大。只有供给足够的水分，绿菜花才能获得较好的栽培效果。适宜的土壤湿度为70%～80%。空气湿度不能过大，以80%～90%的空气相对湿度为宜，湿度过大，会造成植株病害和腐烂。

5. 绿菜花生长对土壤营养有何要求？

绿菜花对土壤要求不十分严格，适应土壤pH范围为5.5～8，以pH 6为最合适。以排灌良好、耕层深厚、土质疏松肥沃、保水保肥能力较强的沙质壤土最宜种植。忌土壤积水或地下水位太高。

绿菜花对养分要求比较严格，在其生长发育过程中，需要充足的肥料，尤其是氮素营养，在整个生长期内要充分供应，而且还应配磷、钾肥（氮：磷：钾为14：

5∶8)。幼苗期对氮肥需要量较多；植株茎端开始花芽分化后，对磷、钾需要量相对增加；在花球发育过程中对硼、钼、镁等元素需要量较多，尤其是缺硼会使主花茎空心。

第二章

品种类型与主要品种

1. 绿菜花根据花球成熟期的早晚可分为哪几种类型？

根据成熟期的早晚，绿菜花可分为早熟、中熟、晚熟3类品种。

早熟品种12～14片叶后现花球，花蕾大，花球表面光滑整齐，迟收时，花球在高温下易黄化枯死或抽薹。早熟品种以收顶花球为主，收获期短。中晚熟品种现花球迟，收顶花球后，侧芽不断萌发，陆续长成小花球供食，收获期可延长到一个月。侧花球的产量可占总产量的1/3～1/2。但中熟品种内也有只收顶花球，不长侧花球的品种，如日本的中生2号。

目前我国栽培的绿菜花大部分由国外引进，近年来中国农业科学院蔬菜花卉研究所和上海市农业科学院园艺研究所等单位已选育出一些绿菜花的品种和杂种一代。

2. 绿菜花主要有哪些优良品种？

(1) 绿岭　系由日本育成的中熟种，生育期110～120天。侧枝发生中等，是顶花球、侧花球兼用种。植株生长旺盛，株型紧凑。花球半圆形，球形美观。单顶花球重500克左右，丰产性好。花茎短，花蕾层厚，粒子大小中等，紧密，浓绿色，品质优。植株耐热、耐寒性强，适应性广，是长江流域春季栽培的理想品种。

(2) 里绿　是由日本引进的早熟种，生育期90天。其耐热性、抗病性强，为春、秋两用品种。生长势中等，生长速度较快，植株较高，叶片开展度较小，可适应密植，侧枝生长弱。花球较紧密，色泽深绿，花蕾小，质量好，单球约重400克，每亩产400～500千克。

(3) 东京绿　系由日本育成的早熟种，生育期95天左右。其分枝力极强，是顶花球、侧花球兼用种。植株较矮小，株型紧凑。花球半圆形，直径为14厘米左右，顶花球重300～400克。花茎短，花蕾层厚，粒子中等大小，紧密，浓绿色，品质优良。植株耐热、耐寒性强，适应性广。适宜于早春和夏秋季播种栽培。

(4) 青绿 系由日本育成的早熟种，生育期95～100天。侧枝发生中等，是顶花球、侧花球兼用种。植株生长旺盛，半直立。花球直径为14厘米左右，半圆形，单球重400～500克。花球整齐一致，丰产性好。花蕾粒子细，紧密，花蕾层厚，浓绿色。品质优，市场性好。耐热，适应性广。适宜于春夏季播种栽培。

(5) 加斯达 系从日本引进的极早熟品种。植株生长旺盛，株型较大。耐热，抗病性强，适应性广。花蕾浓绿色。花球半圆形，品质好，耐贮性较好。适于秋季栽培，定植后50天左右采收。单球重450克左右。

(6) 哈依姿 系从日本引进的中熟品种。栽培适应性广，耐热性、耐寒性强。植株生长势强，侧枝萌发较多。主花球半圆球形，直径约16厘米。花蕾粒小，花球紧密，鲜绿色。单球重450克左右。适宜秋冬、冬春保护地栽培和春、秋露地栽培。每亩产700千克左右。种植株行距(40～45)厘米×(45～50)厘米。

(7) 玉冠 系从日本引进的中早熟品种。植株生长势强而且健壮，叶片开展度大。花球较大，稍呈扁平状。花蕾较大，质量中等。侧枝生长势较强，侧花球较大。主花球单球重300～500克，每亩产500～700千克。耐寒性、耐热性及抗病性皆强。栽培适应性广。适宜春、秋露地及保护地栽培。

(8) 海兹 系从日本引进的中早熟品种。植株生长势强，耐热耐寒，适应性广，较容易栽培。可春、秋两季种植，定植后65天左右即可收获。并可兼收侧花蕾，侧花蕾少。花球圆整，鲜绿色，蕾粒紧密中细。

(9) 绿卡门特 系从日本引进的品种。耐热性、抗病性强，为较易栽培的极早熟品种，定植后40天即可收获。顶花蕾浓绿色，整齐均一，品质佳。无侧花蕾。植株小。忌过早播种。

(10) 绿慧星 系从日本引进的极早熟品种。植株生长势极强，株型稍开张。从播种到收获仅90天左右，定植后60天左右可以采收。花球紧密，花蕾中细，球色深绿。花球重260～300克。适宜春、秋季栽培。

(11) 黑绿 系从日本引进的杂种一代。株高43～68厘米，开展度62～75厘米。花球较紧，花蕾中等大小，深绿色。春季定植后45天采收，主花球重280克。秋季定植后58天左右采收，主花球重450克。全生育期90天。早熟，耐热，较抗病毒病和黑腐病。

(12) 夏丽都 系从日本引进的中晚熟品种，从播种到收获需120天以上。长势旺盛，耐寒性好，侧枝发生能力强，是在低温下花球肥大性好的秋栽品种，适期栽培定植后85天可收获主花蕾，而后可陆续收获优质侧花蕾。

(13) 早熟26号 日本东村种子公司育成。早熟，定植后50天左右收获。植株直立，株型小，适宜密植，叶形为倒卵形，叶面蜡粉多，叶柄较长，花球着位低，花球紧密，花蕾小、淡绿、半圆形，主花球重400克左右。为主花球型，适合于春、秋季种植。

（14）南方慧星 又名早生绿，由日本引进。本品种植株直立，生长势强，从定植到初收57天，单球重200～250克，花球扁平，花蕾细密、均匀，青绿色，品质较佳。该品种极早熟。

（15）中生2号 中熟品种，植株直立，生长势旺。花球鲜绿色，外形美观，侧芽不发达，是专收顶花球的品种，耐寒力稍弱，在低温干燥条件下花球易黄衰。适宜秋季栽培。

（16）早绿 由韩国引进的优良丰产型早熟绿菜花品种。该品种生长旺盛，株型直立，侧枝不发达，可密植，生长期较短，定植后约55天采收。花蕾中等大小，整齐致密，平圆形，单球重800克左右，色泽深绿，品质优良，较耐热。适宜露地及保护地栽培。

（17）绿丰 由韩国引进的中早熟绿菜花品种，从定植到收获60～65天。株型直立，侧枝极少，适宜密植。植株初期生长旺盛，易栽培。花蕾密集，呈绿色，花球重500克左右，品质好。抗热性强，抗病能力强。适宜春播与夏播。

（18）宝石 系从美国引进的一个杂交种。植株大小中等，株型紧凑，生长势强。花球中等大小，单球重400

克左右。花球整齐，花蕾蓝绿色，外形美观。侧芽较多，主茎花球采收后，可陆续采收侧花球，收获期较长。从播种到采收约98天，从定植到初收约68天。每亩产1200～1400千克。

(19) 阿波罗 系从美国引进的早熟品种。植株中等大，株型紧凑，生长势旺盛。从播种到采收95～100天，定植后70天左右初收。成熟期较整齐一致。花球紧实，中等大小，花球重380～400克，呈半圆形，极整齐，外形美观，品质优良。花蕾细密，呈深绿色，花梗平滑而整齐，质量优。适应性强，一般每亩产1200～1500千克。

(20) 绿王 系由我国台湾省育成的早中熟种，生育期100～110天。侧枝少，为顶花球专用种。植株生长强健，株型直立，茎秆粗大。花球大，直径为18厘米左右，单球重500～600克，丰产性好。花蕾粒子粗大，易松散，色浓绿。品质一般。耐热性强，适宜于夏季早熟栽培。

(21) 上海1号 系上海市农业科学院园艺研究所用两个自交不亲和系配制的一代杂种。植株半开张，株型紧凑，株高约38厘米，开展度约80厘米。叶片绿色。26片叶后现花蕾。主花球直径约13厘米。球形紧实、圆整、色绿。花蕾致密，花茎细，质脆嫩。平均主茎单花球重350～400克。早熟种秋种，从定植到收获约60天。植株早期长势旺盛，耐寒，但耐热性、抗霜霉病和黑腐病能力稍弱。每亩产1200千克。全国各地均可引种栽培。

（22）中青1号 系中国农业科学院蔬菜花卉研究所育成的一代杂种。株高38～40厘米，开展度63～65厘米。外叶15～17片。最大叶长38～40厘米，叶宽14～16厘米。复叶3～4对。叶色灰绿，叶面蜡粉较多。春季栽培表现为早熟，定植后约45天可以采收，花球浓绿，紧密，花蕾细。主花球重500克左右。每亩产1200～1400千克。抗病毒病和黑腐病。适宜华北地区春、秋季露地栽培，也可作保护地栽培。

（23）中青2号 系中国农业科学院蔬菜花卉研究所育成的一代杂种。株高40～43厘米，开展度63～67厘米。外叶15～17片。最大叶长42～45厘米，叶宽18～20厘米。复叶3～4对。叶色灰绿，叶面蜡粉较多。春季栽培表现为中早熟，定植后约50天可以采收，比中青1号晚熟5天左右。成熟期与日本品种绿岭基本相同。花球浓绿，紧密，花蕾细。主花球重350克左右，侧花球重170克左右。每亩产1200～1400千克。秋季种植表现为中熟，定植至采收需60～70天。花球浓绿，紧密，花蕾较细。主花球重600克左右。每亩产1300～1500千克。抗病毒病和黑腐病。适宜春、秋季露地栽培，也可作保护地栽培。

（24）碧杉 系北京市农林科学院蔬菜研究中心育成

的一代杂种。植株生长势强，株型半直立。株高48～60厘米，开展度74厘米左右。叶片深绿色，最大叶长46厘米，宽20厘米。外叶数达14片。主茎花球扁圆形，花蕾细小，结构紧实。单球重360～500克。侧枝分生能力强。秋季栽培主花球采收后，可以采收侧花球。中熟品种，从定植到收获60～65天。露地栽培每亩产800～900千克，大棚栽培每亩产1000～1200千克。

(25) 碧绿　系北京市农林科学院蔬菜研究中心育成的一代杂种。植株生长势强，株型较平展。株高45～60厘米，开展度65～68厘米。叶面蜡粉较多，最大叶片长43厘米，宽20厘米，叶数14片左右。主茎花球扁圆形，花蕾粒小，结构致密，深绿色。抗逆性强。单球重360～500克。侧枝少。中早熟品种。种植株行距（40～50）厘米×50厘米，定植后55天左右采收。露地栽培每亩产800～900千克，大棚栽培每亩产1000～1200千克。适宜于春、秋保护地和春季露地栽培。

(26) 碧秋　系北京市农林科学院蔬菜研究中心育成。适合于秋季种植，表现为中熟，定植后65天左右收获，生长势强，植株较平展，叶色深绿，叶面光滑、皱缩、蜡粉多，花球紧密，花蕾小、浓绿、圆凸形，主花球重400克左右。每亩产1000千克左右，抗病毒病，中抗黑腐病，为主、侧花球兼收型。

(27) 绿公爵　由山东省烟台市农业科学研究所选育

的绿菜花品种。植株生长势强，半开张型，较紧凑，耐寒、耐热及抗病能力强，叶色深绿有蜡质，花球紧密高圆。春、秋季均可栽培，定植后 70 天左右即可采收 0.5 千克重的花球，适应性强，全国各地均已试种。

第三章

育苗技术

1. 绿菜花如何根据栽培季节的不同选择育苗场地？

绿菜花应根据不同的季节来选择育苗场地，冬季、晚秋、早春栽培绿菜花要采用保温设施育苗，可采用节能型日光温室或加温温室；晚春、早秋可采用改良阳畦；夏季采用大、中、小棚或露地防雨遮阳降温育苗。

2. 绿菜花育苗的壮苗标准是什么？

绿菜花优质苗的标准为形态指标与生理指标的总和，因此，可用两方面的指标来衡量。形态指标即长相，生理指标即适应力。绿菜花定植时优质苗的形态指标为：植株健壮，开展度大，叶片完整无损，无病斑，无虫害，叶色浓绿，叶片厚，蜡粉多，叶柄短粗，节间短，茎粗壮，根系粗壮、洁白，须根多，真叶数5～6片，苗龄在30～35天，具有5～6片真叶。生理指标为：秧苗挺拔，长势旺盛，抗逆性和适应性较强，移苗或定植后能迅速恢复生长。

3. 绿菜花育苗方法主要有哪几种？

保护地育苗的方法有移植（即分苗）育苗和不移植育苗。移植育苗包括苗床移植育苗和营养钵移植育苗，不移植育苗包括钵直播育苗、穴盘直播育苗和苗床直播育苗。

4. 绿菜花保护地育苗中如何进行移植育苗？

（1）播种 每亩种植面积需4～7米^{2}的播种面积，用种量15～25克。100米^{2}的播种床施堆肥400～500千克，氮肥1.5～1.8千克，磷肥2.0～2.2千克，钾肥1.5～1.8千克。播种床宽1～1.2米，平畦，播种前浇足底水。一般进行条播，条间距6～7厘米，条沟深0.4～0.5厘米，播种距离0.5～1.0厘米；或者进行撒播，播种后覆盖细土，再盖塑料薄膜支成小拱棚保温、保湿。

(2) 苗期管理

① 温度　播种后，温度保持在20～25℃，地温不宜低于15℃，否则出苗缓慢。在适宜的温度下，2～3天即可出苗。幼苗出土后，温度保持在18～20℃，有利于培育壮苗，防止幼苗徒长。为了防止地温降低，造成幼苗生育延迟，育苗畦内一般不要浇水。播种后20～25天，当幼苗长出2～3片真叶时及时分苗。

② 分苗　幼苗长到2～3片真叶时分苗，苗床分苗，每亩种植面积需移植床20～30米^2，分苗床的施肥量、床宽度同播种床。分苗前一天，先将育苗畦浇透水，以利于起苗时减少伤根。起苗后，将幼苗按6～8厘米见方移栽至分苗畦。分苗移栽后，及时浇水，同时，每亩追施尿素5千克，促进幼苗生长和缓苗。分苗后25～30天，当幼苗长出5～6片真叶时，植株即达到适宜定植的苗龄。

如果是采用育苗盘育子苗的，一般播种后10～15天，子叶长足，真叶露心时进行分苗。分苗可在营养土方或塑料钵里进行。对营养土方苗，可将育子苗配方营养土和成大泥，铺进事先整平的苗畦中，泥厚8厘米，再将泥抹平，按8厘米×8厘米见方进行切块，在每个土块中间用手指或圆棍扎一小眼作为分苗孔，见湿见干时分苗。分苗后，在苗周围用细干土封眼。对塑料钵苗，可将育子苗配方营养土装入塑料钵（10厘米×10厘米）中，并留出2

厘米。把塑料钵摆在分苗床上，浇透水，在每个营养钵中间用手指或圆棍扎一小眼，作为分苗孔，然后将子叶苗分入孔中，分苗后苗周围用细干土封眼。

③ 分苗后管理　分苗后，白天气温保持在20～25℃，夜间10～12℃。冬春分苗后，苗床上盖小拱棚增温；3～4天缓苗后，再撤膜逐渐降温，白天气温保持在15～20℃，夜间不低于10℃。表土干燥时适当浇水，定植前7～10天进行炼苗，以适应定植场所的气温条件；定植前4～5天苗床浇一次透水，便于挖苗、囤苗。

5. 绿菜花保护地育苗中如何进行不移植育苗？

不移植育苗有苗床直播育苗和塑料钵、穴盘直播育苗。

苗床直播育苗每亩种植面积需育苗面积约40米^2，施肥量堆肥150千克，氮肥0.7千克，磷肥1.0千克，钾肥0.7千克。苗床宽1.3～1.5米，平畦，采用条播，条沟深0.5厘米，条沟距10～12厘米，播种距离3～4厘米，播种后覆土、浇水。

钵直播育苗采用直径为8～10厘米的塑料钵，配之营养土（配方同钵移植育苗）；穴盘直播育苗多采用72孔穴盘，配之草炭∶蛭石＝1∶1或园土∶堆肥∶草炭＝1∶1∶1

的营养土。

不移植育苗的管理方法与移植育苗相同。

6. 绿菜花如何进行露地育苗?

7～8 月份和 11～12 月份收获的均可在露地采用移植和不移植育苗，最好选用 72 孔穴盘或直径 8～10 厘米的塑料钵直播育苗。7～8 月份收获的，于 4～5 月份播种。由于 4 月上中旬气温偏低，播种后至出苗期间宜覆盖薄膜保温。11～12 月份收获的，于 8～9 月份播种，8 月份由于高温多雨，需遮阴降温，防雨育苗，同时苗床要设在排水好的地块，防止受涝。

育苗的管理与保护地育苗基本相同。

7. 绿菜花周年生产如何进行茬口安排?

绿菜花周年生产主要茬口安排如下：

(1) 早春日光温室栽培 1 月上旬温室育苗，2 月中旬定植于日光温室或拱棚内，4 月下旬至 5 月上旬收获。适宜品种应选用耐寒，主、侧花球兼收型的品种，如绿岭。

(2) 春提前大、中棚栽培 2 月上旬在阳畦冷床育苗，3 月上旬定植于大、中棚内，5 月上中旬收获。宜选用耐寒、抗病品种，如绿岭等。

(3) 春早熟小拱棚栽培 2 月下旬阳畦播种育苗，3 月下旬定植于小拱棚。5 月下旬至 7 月上旬收获。适宜品种为里绿。

(4) 春露地栽培 4 月上旬在小拱棚内育苗，5 月上旬定植于露地，6 月下旬至 7 月上旬收获。适宜品种为里绿。

(5) 夏遮阴栽培 6 月中旬露地播种育苗，采用遮阳网覆盖；7 月中旬露地定植，间作甜玉米为其遮阴；9 月中旬至 10 月上旬收获。适宜品种为里绿。

(6) 秋露地栽培 7 月下旬露地育苗，采用遮阳网覆盖，8 月下旬定植，10 月下旬至 11 月上旬收获。适宜品种为里绿。

(7) 秋延后小拱棚栽培 8 月中旬露地育苗，采用遮阳网覆盖，9 月上旬定植于小拱棚，11 月下旬收获。适宜品种为绿岭、哈依姿。

(8) 秋冬茬日光温室栽培 9 月下旬在露地育苗，10 月下旬定植于日光温室，12 月下旬至翌年 1 月上旬收获。适宜品种为绿岭。

(9) 越冬茬日光温室栽培 10 月下旬在日光温室育苗；11 月下旬定植于日光温室；翌年 1 月下旬至 2 月下旬收获，供应春节市场。适宜品种为绿岭、哈依姿。

第四章

绿菜花保护地栽培技术

1. 绿菜花如何进行日光温室春、秋茬栽培?

(1) 栽培季节及品种 春茬:12 月中旬育苗,翌年 2 月上旬定植,4 月初开始收获。秋茬:7 月中旬育苗,8 月中旬定植,11 月初开始收获。品种为绿岭。

(2) 培育壮苗 春茬在日光温室内育苗。在做好的苗床畦上或营养盘中浇透底水,待水渗下后,将种子均匀地撒在苗床上或营养盘中,接着覆 1 厘米厚的过筛细土,然后将地膜平盖在播种床上或营养盘上,以利于增温保墒。苗床温度保持在 20～25℃。出苗后及时撤去地膜,白天将温度逐渐降至 15～25℃,夜间 10～12℃。当幼苗长出 2～

3片真叶时（1月中旬）移植，或直接移入营养钵内（10厘米×10厘米）。缓苗期间，白天保持20～25℃，夜间保持15℃。5～7天缓苗后，温度逐渐降低，白天15～20℃，夜间10℃。

秋茬可直接在露地育苗。此时正是炎热的夏季，高温、多雨，蚜虫和菜青虫盛行；有条件的，最好搭荫棚进行防雨、降温，并及时防治蚜虫和菜青虫，减少病虫害的发生。播种、移植方法基本上与春茬相同。

(3) 适时定植　春茬，在2月上旬（秋茬在8月中旬）当幼苗长出5片左右真叶时，即可定植。定植前须整地施肥，每亩施优质农家肥5000千克，磷肥20千克，尿素20千克。然后做高畦（高15厘米，宽100厘米），每畦定植2行，行株距50厘米×(45～55)厘米。定植后及时浇水。

(4) 田间管理（日光温室）

① 温度管理　春茬定植并覆盖地膜，以利于提高地温，促进早熟。定植后，缓苗期间温度保持在20～25℃，夜间15℃。缓苗后，温度逐渐降低，白天保持在15～20℃，夜间10～12℃。当外界最低气温在10℃以上时，温室应昼夜通风。秋茬定植时，因气温高，应想尽一切办法降低温度，防止植株徒长。或于定植前将塑料薄膜撤掉，改为露地管理。当外界最低气温降至8℃左右时，再扣塑料薄膜，开始时白天要进行通风管理，以后随着气温

的下降不再通风。

花球开始形成时，也就是在花球生长发育时，温度应避免超过 22℃。连续 20℃以上的高温，很容易导致发育成凹凸不平的花球和松散的花球，或使花球出现粟粒大的着色粒，商品价值降低。另外，在花球发育过程中，因叶簇旺盛，叶片容易遮盖花球，花球不见光，颜色会变黄，花蕾产生粟粒大的着色粒，从而降低产品质量。所以，要及时掐掉遮盖花球的叶片，让花球见光，保证花球质量。

② 水肥管理　要获得产量高、品质好的花球，必须有强大的叶簇作保证。这就要求及时满足其对水分和养分的需求，让植株适时旺盛生长，使其叶在现球前形成足够的营养面积。在整个生长期中，都应以施氮肥为主；进入结球时期，适当增加磷、钾肥。在花球出现前追 1 次肥，结合浇水每亩施尿素 20 千克。现球后，再追施尿素 25 千克，磷、钾肥各 10 千克。花球采收后，为促进侧芽生长，再追施 1 次复合肥。秋茬正值高温干旱季节，浇水次数要比春季多一些。每次浇水切勿大水漫灌，以免引起沤根现象。当花球即将采收时，要适当控制浇水。这样，一是避免花球松散；二是降低室内湿度，防止花球霉烂。

(5) 适时采收　绿菜花的植株个体之间花球成熟很不一致，应分期采收。采收标准为：花球充分长大，表面圆整，边缘尚未散开，花球较紧实，色泽浓绿。绿菜花采收适期很短，必须适时及时采收。采收过早，花球尚未充分发育，产量过低；采收过迟，则花蕾松散，表面不平整，甚至有的花蕾露出黄色花瓣，使花球质量变劣，商品价值降低，造成损失。

绿菜花的采收方法是：在花球基部连带7～8厘米花茎处割下。当主茎花球采收后，主茎上的腋芽又可长成侧枝，经30天左右，顶端形成花球，可再次进行采收。如田间后期管理得好，侧花球可连续采收1～2次。绿菜花产量因品种或栽培季节的不同而差异较大，一般每亩产量750～1200千克。

2. 绿菜花如何进行日光温室秋冬茬栽培？

绿菜花日光温室秋冬茬栽培一般在10月中下旬育苗，春节前大量上市。

(1) 育苗 绿菜花的苗龄短（30～35天），应视具体情况，可在10月中下旬育苗，春节前大量上市。育苗可用营养钵（10厘米×10厘米）或营养方格法（8厘米×8厘米）。营养土的配制：8份肥沃田园土加2份充分腐熟的鸡粪或羊粪。双粒点播，每亩用种量20克，播种深度0.5～1.0厘米。播后浇1次透水，经2～3天出苗后拔除杂草。苗床要经常保持湿润，当有1～2片真叶时间苗1～2次，去除细弱苗、过密苗。床温应保持在20～30℃。床温过低，苗龄过长，则造成小老苗，导致定植后株型矮小、减产。床温过高，则易徒长形成虚弱苗，导致植株生长势弱，减产。当幼苗长到5～7片真叶时（30～35天）进行控肥控水、通风降湿，炼苗3～5天，以提高移栽的成活率。

(2) 定植 定植前每亩施优质农家肥4000千克、磷酸二铵15千克、硝酸铵10千克，混匀翻耕，耙细整平，起垄。以70厘米加50厘米宽窄行定植，即垄面宽70厘米，沟宽50厘米，垄面覆盖幅宽为90厘米的地膜，株距40厘米，每亩栽苗2750株。

定植后肥水齐攻，以促为主，温度保持在8～24℃，以尽快促进植株生长，增大叶面积。经10天左右，配合浇水追施硝酸铵15千克，顶花球出现前追施硝酸铵6千克。显花球后，温度保持在15～18℃；低于8℃，花球生长慢；高于24℃，花球松散，整个植株生长期温度不宜超过32℃。

(3) 采收 当花球长到0.4～0.6千克，直径为12～18厘米，颜色深绿，花球紧密时即可采收。采摘过早，则产量低，品质下降；过迟则抽薹开花，失去食用价值。

3. 绿菜花如何进行地膜覆盖栽培？

绿菜花地膜覆盖栽培主要在春、秋两季进行。

(1) 定植前准备 定植前1～2周整地、施基肥、做畦、覆盖地膜。每亩施腐熟堆肥1500千克，氮肥10～15千克，磷肥15～20千克，钾肥8千克左右，做小高畦，双行定植，畦宽100～110厘米，畦高10～15厘米。

(2) 定植 根据所用品种特性进行合理密植。春季种植株行距：早熟种35厘米×40厘米，每亩定植2800株左右；中、晚熟种（40～45)厘米×50厘米，每亩定植2400～2600株。秋季种植株行距：早熟种40厘米×50厘米，每亩定植2600株左右；中、晚熟种50厘米×60厘米，每亩定植2200株左右。定植时按株行距将苗定植在小高畦两侧，深度以苗坨与畦面平或低1厘米，栽苗后用土把戳开的薄膜破口封严，并及时浇水，促使缓苗。

(3) 田间管理 绿菜花花球产量、商品率的高低与植株的生长和叶面积的大小有关，营养生长旺盛，叶面积越大，花球产量和商品率越高。定植后不宜长时间蹲苗，一般蹲苗7天左右，在现蕾前要供足水肥，以促进植株的生长。春季种植追肥分两次进行，定植后20天左右追第一次肥，每亩追施复合肥25千克左右，穴施，然后浇水；第二次追肥在现花球时进行，再追施复合肥15千克左右，以促进花球的生长。浇水除随两次追肥外，视苗情而定，一般7～10天浇一次水。秋季种植分三次追肥，前两次追肥时间和追肥量与春季种植相同，第三次追肥在收获主花球后进行，每亩追施复合肥 10～15 千克，以促进侧花球的生长。

(4) 收获 绿菜花的产品器官是已经形成花蕾的花球，采收过早花球未充分长大，产量低；过晚则花枝伸长，花球松散、凹凸不平，易枯蕾、开花，失去其商品价值，因此必须适时采收。一般来说从现花球到收获需 10～15 天。

4. 绿菜花如何进行早春塑料小拱棚栽培?

早春塑料小拱棚栽培于 3 月上中旬定植。定植前整地、施基肥，每亩施肥量与地膜覆盖栽培相同。做畦，畦宽 1 米，支小拱棚，中高 50 厘米，双行定植，株行距 35 厘米×45 厘米。

定植后盖膜、浇水。定植后 7～10 天开始通风换气，为保持棚内温度，通风量不宜过大，通风时间最好在上午 10 点至下午 2 点。以后随着气温的升高，宜逐渐加大通风量和延长通风时间，并可在拱棚顶上打圆孔通风。在植株长到顶到棚时，撤去薄膜，撤膜前 5 天将棚两边打开 10 厘米大量通风，以便撤除薄膜后植株能适应外界气候。总之通风管理原则依据绿菜花生长要求：①定植到缓苗期间要保温、保湿，白天温度以 25℃左右为宜，不宜超过

30℃，夜间温度保持在15～20℃；②缓苗后到现蕾期间为叶簇生长期，白天温度保持在20～25℃，夜间15℃左右；③花球生长期要求凉爽的气候条件，白天温度20～22℃，夜间10～15℃。

肥水管理与地膜覆盖春季栽培基本相同，但需进行中耕、除草。中耕有疏松土壤，促进土壤中空气交换及调节温湿度的作用，有利于根系生长和好气性有益微生物活动。定植后7天左右，进行第一次中耕、除草，以后视土壤情况进行第二次中耕、除草，植株长大，叶片封满地面后，不再中耕。

5. 绿菜花如何进行大棚春早熟和秋延后栽培？

春早熟大棚栽培定植前15～30天盖棚暖地，施基肥，整地，做平畦，畦宽1.0～1.2米。于2月底至3月初定植，株行距45厘米×50厘米，定植后的温度及田间管理基本上与小拱棚栽培相同，只是大棚的保温性能更好，易于农事操作。

秋延后栽培于8月下旬至9月上旬定植，株行距50厘米×(50～60)厘米，做平畦双行定植。定植后随着气温的逐渐降低需要防寒保温，白天进行通风换气，夜间保温。定植缓苗后进行松土、中耕、除草，分三次追肥，追肥量和时间与地膜覆盖栽培基本相同。浇水由于棚内湿度较大，次数不宜过多，一般视苗情而定。

6. 绿菜花如何进行改良阳畦春早熟栽培?

春早熟栽培于2月份定植，做平畦，畦宽1.0～1.2米，东西长，株行距45厘米×50厘米。定植时正值严寒，定植后封严棚膜，夜间加盖草帘保温，早上阳光照满畦时揭草帘，下午阳光移开畦面时盖草帘。缓苗后注意通风换气，白天气温超过25℃时放风，下午降至20℃时关闭风口，遇阴雪天，白天也要揭草帘，以后随着气温的升高加大通风量和延长通风时间。温度管理与小拱棚栽培基本相同。浇水、追肥宜在晴天上午进行，浇水后要及时中耕、除草。

7. 绿菜花如何进行改良阳畦秋延后栽培?

秋延后栽培于9月中旬至10月上旬定植，定植后于初霜前盖膜。在植株生长前期由于气温不太低，宜加大通风量，以后随着气温的降低通风量减少，时间缩短。花球生长期气温偏低，一般通风在中午11时至下午2时进行，夜间加盖草帘保温。肥水管理由于进入花球生长期，气温低，不宜再进行浇水、追肥，因此整地时需施足底肥，现花球之前追足肥水。

8. 绿菜花如何进行夏季遮阳网覆盖栽培？

夏季遮阳网覆盖栽培于5～6月份定植，宜选用耐热、早熟、主花球型的品种。遮阳网覆盖栽培主要是防雨、防高温，使绿菜花有一个适宜生长发育的环境，其他栽培管理方法与大棚栽培基本相同。

第五章 绿菜花露地栽培技术

1. 绿菜花如何进行秋季露地栽培？

7 月下旬露地育苗，采用遮阳网覆盖，8 月下旬定植，10 月下旬至 11 月上旬收获。

(1) 品种选择 秋季栽培绿菜花，苗期正值高温、多雨季节，宜选用耐高温、抗性强的中早熟品种，如里绿、绿岭、中青 1 号等。

(2) 播种育苗 绿菜花秋季栽培，适宜播种期是 7 月中旬至 8 月上旬。一般采用露地育苗形式，选择通风、凉爽、排水良好、土壤疏松肥沃的地块作苗床。苗床要搭荫棚，苗床宽 1～3 米。播种时撒播，覆细土，盖没种子，上面稍镇压，喷浇透水，3～4 天即可出苗。每亩大田需种量 20～25 克，需 5～6 米^2 的苗床面积。幼苗具 5～6 片真叶时定植。

(3) 整地定植 壮苗标准：株高 5 厘米左右（指心叶高度），开展度为 15 厘米，有 5～6 片真叶，叶色深绿，叶片肥厚，根系多而白。

定植前每亩施腐熟的有机肥 2000 千克，耕翻入土，耙平地面。选阴天或晴天的傍晚进行定植，起苗时尽可能多带土护根。定植密度，早熟品种 40 厘米见方，每亩栽 3000 株左右；中熟品种 50 厘米见方，每亩栽 2600 株左右。

(4) 田间管理 定植后浇足定植水，3～5 天后浇缓苗水，以后要经常保持土壤湿润。夏季多雨季节要经常清理水沟，防止积水受涝，影响生长。出现旱情要及时浇水，尤其在叶簇旺盛生长期和花球形成期，需要有充足的水分，否则会影响花球的产量和品质。定植后施肥，促进花芽分化，每亩施尿素 10 千克、过磷酸钙 12 千克、氯化钾 5 千克。当有 15～17 片真叶时，追施花蕾肥，每亩施氮磷钾复合肥 15 千克、尿素 10 千克，可促使花球迅速膨大，结实紧密。主花球采收前，所有侧枝一律不留，使养分集中供应主花球。主花球采收后，每株留 3～4 个健壮侧枝，以提高总产量。

(5) 适时采收 绿菜花采收标准：花球充分长大，表面圆整，花球边缘小；花球较紧实，色泽浓绿；采收时花球周围要保留3～4片小叶。

2. 绿菜花如何进行夏季露地栽培？

（1）播种期　根据当地气候条件，选择适宜品种与栽培季节。夏季反季节栽培，应根据提供产品时间，提前或推迟播种，并尽可能安排在海拔高度500米以上的地方种植。选择早熟、耐热、抗病品种，于5月下旬至7月保护地育苗。

（2）播种育苗　采用营养杯或鱼苗盘育苗。营养土的配制参见育苗部分。营养土装杯时装至九成满即可。先浇足水分，然后每杯播1粒种子，再覆盖已过筛的细土，厚度0.5厘米，3～4天开始发芽。早春育苗需在保护地进行，苗期温度以保持在12～20℃为宜。要防止幼苗徒长或老化。夏季育苗则要有防雨设施。绿菜花种子千粒重为3.8～6.0克，一般每亩用种量15～20克。

发芽后苗土应经常保持湿润。夏季育苗正值高温、多雨季节，育苗地点应选择通风好、地势高、排水好的地块，要用凉爽纱或塑料薄膜搭成拱棚进行防雨遮阴。拱棚四周要保持通风，育苗畦要做成小高畦。播种出苗后小水勤浇，保持幼苗既不缺水又不过湿。幼苗出基叶后，根据苗情追少量氮肥，一般每3～5天追肥1次，浓度为0.1%～0.2%，随着幼苗生长酌情增加浓度。苗龄一般控制在25～30天，真叶3～4片较宜。要防止幼苗徒长而形成弱苗、高脚苗，导致植株长势弱而倒伏，从而影响花球产量。

(3) 栽培管理 第一次追肥在定植后5～7天进行，以氮、钾肥为主，每亩施尿素15千克、氯化钾11千克。第二次追肥于第一次追施肥后5天施入，每亩施尿素4.53千克、氯化钾2.26千克。然后，每隔5天追肥1次，共追施3次，每亩尿素施量分别为6千克、7千克和3千克，氯化钾分别为3千克、3千克和1.5千克。花球出现后停止追肥。在主花球采收后，可根据侧花球生长情况，追施适量的肥料，延长采收期。在花球生长发育过程中，对叶面喷施硼砂溶液，对于防止花球中空很有效。

生长期间要保持土壤湿润，尤其是在花序分化的花球生长发育阶段，切勿受旱。浇水可在追肥时或追肥后进行，并根据土壤干湿情况和植株生长情况掌握。夏季一般应早水早浇、晚水晚浇。也可采取沟灌方式，水分达半畦高时退水。若水分不足，将抑制花球形成与膨大，产量就会减少，但大雨之后要及时排水，勿使畦沟积水。

在定植后5～6天进行第一次中耕培土。以后视情况，雨后土壤干湿得当时再中耕培土1～2次，植株长大后，待叶片覆盖地面时停止中耕。

3. 绿菜花如何进行春季露地栽培？

4 月上旬在小拱棚内育苗，5 月上旬定植于露地，6 月下旬至 7 月上旬收获。春种绿菜花要选用适用性广、耐寒性强的品种，适宜品种为里绿。

(1) 播种　播种在预先准备好的苗床上，也可在营养钵中育苗。每亩播种量 20～25 克。播种 30 天后，幼苗具 5～6 片真叶时定植。定植前，在苗床喷施 1 次杀虫、杀菌药剂。

(2) 定植　5 月上旬定植于露地。定植前 7～10 天翻耕整地，开沟深施基肥。基肥使用量为每亩施腐熟猪牛粪 2500 千克，复合肥 25 千克。整地后起畦，畦南北向，一般为 1～1.2 米双行植（包沟），畦高 15～25 厘米。种植株行距 45 厘米×60 厘米，每亩定苗 2500 株左右。

(3) 田间管理　绿菜花忌炎热、干旱，一般 5～7 天浇 1 次水，要浇透。定植 15～20 天后，每亩追施尿素 7～10 千克；定植 40 天后，植株具 15 片叶时，每亩追施尿素 7～10 千克；植株具有 20～21 片叶时，每亩追施尿素 5 千克、钙镁磷肥 30 千克、钾肥 30～50 千克。在结球期间用 0.1%的硼砂喷施 2～3 次。花球收获后，对侧枝萌发力强的品种，要继续追肥、浇水。每采收 1 次侧花球，追肥

1次。施肥前要松土、锄草，施肥后要培土。对主花球专用品种，在主花球采收前应抹去侧芽；主侧花球兼用品种，选留健壮侧枝4～5个，抹去细弱侧枝。

(4) 采收 绿菜花的花球成熟后，花蕾粒子稍微有些松动时为采收适期。高温期，应提早1～2天采收，采收时连同花茎一起割下。

4. 绿菜花如何进行春、秋两季高产栽培？

(1) 选种育苗 早熟种有中青1号、上海2号、翠光、早生等；中熟种有中青2号、上海1号、绿岭等；晚熟种有阿波罗、深海等。大面积生产证明，以上品种春、秋两季均可栽培。春季栽培一般在1～2月播种，可用温室、温床或阳畦育苗；秋季栽培6～7月播种，可用遮阳网或荫棚育苗。床土要疏松、肥沃，每30米^{2}苗床地均匀撒播种子40～50克（可定植1亩左右）。当幼苗具2～3片真叶时间苗，按8～10厘米见方选留壮苗；有4～5片真叶时摘心，摘心时只留2片叶，经7天左右即可长出2个侧枝（以后可采收2个花蕾）。间苗和摘心后及时追肥，每10米^{2}苗床每次施尿素150～200克。定植前3～5天逐渐炼苗，以利于定植成活。

(2) 施肥定植 绿菜花定植地以壤土或轻黏壤土为

好，并要求施足底肥。早熟种每亩施腐熟厩肥2500～3000千克，中熟种3000～4000千克，晚熟种4000～5000千克。此外，均需施磷肥30～35千克、草木灰125～150千克。春季栽培苗龄一般为60～70天，秋季栽培苗龄40～50天。深沟高畦定植，畦宽1米，沟深、宽均为25～30厘米。每畦定植2行。株距早熟种35～40厘米，中熟种45～50厘米，晚熟种55～60厘米。定植后立即浇足定根水，以利于全苗。

(3) 追肥中耕 绿菜花应采取“前促发苗，中稳壮实，后攻花蕾”的追肥方法。即定植3天后，浇稀粪水缓苗；苗发根后，在每50千克稀粪水中加尿素170～200克（早熟种少加，中、晚熟种多加，下同）提苗；苗开始起身时，结合中耕除草，每亩追饼肥15～20千克、过磷酸钙肥7.5～10千克。封行前再适当中耕1～2次。中耕时要防伤苗伤根，施肥时要防烧苗烧根；在花蕾形成初期应集中攻追结球肥，可每亩追尿素10～12.5千克。以后，根据花蕾发育情况，再适当追施1～2次尿素，使花蕾整齐、肥嫩、硕大。苗期浇水的次数和多少，视天气和苗情而定，并注意排渍。一般要求土壤相对湿度保持在60%～70%。中期应适当控水，若叶片在中午轻度下垂，可少量浇水以恢复正常。花蕾形成期一定要保持土壤湿润，忽干忽湿将造成花蕾生长发育不良。

(4) 防治病虫 播种时，可用相当于种子量0.4%的代森锌拌种。生长中期和花蕾期可用百菌清、敌百虫等防治病虫害，效果良好。

（5）分批采收 绿菜花植株个体之间花蕾形成时期很不一致，应分批采收，不能让花蕾散开或显黄色。一般在顶端着生花蕾簇长至20～25厘米时采收最为适宜。采收时在花蕾下带几片叶子割下，这样可保护花蕾，便于运输，有利于保持良好的商品性。

第六章

绿菜花生产中经常出现的问题和防治措施

1. 绿菜花主要有哪些缺素症?

缺氮时，表现为植株矮小，叶色浅绿并逐渐变黄，有些绿菜花茎叶变为橘红色至紫红色，生长缓慢或早衰。

缺磷时，表现为叶缘出现微红色。

缺钾时，表现为叶面皱缩，叶片向上反卷，花球成熟不均匀。

缺硼时，茎部变成空洞或花球内部开裂，花上现褐色斑点，带苦味，顶芽死亡，质地硬，失去食用价值。

缺钙时，表现为花蕾小，色泽发暗，在花球发育中有变黄的现象。

缺镁时，表现为叶片局部失绿，出现淡绿色斑点。

2. 导致绿菜花缺素症的原因是什么？

土壤中缺硼、缺钙或高温多湿影响钙的吸收，导致缺钙；缺氮，系前茬施有机肥少，或土壤中含氮量低，或降雨多氮素淋失多；缺磷，系土壤 pH 值偏低、土壤紧实及低温影响绿菜花对磷的吸收；缺钾，系沙土等含钾量低，生产中钾肥供应不足，或施用石灰肥料过多，抑制其对钾的吸收。

3. 针对绿菜花缺素症，有哪些预防措施？

① 缺硼时，每亩施硼砂 0.7～1.0 千克，适时浇水，提高土壤可溶性硼的含量，以利于绿菜花对其吸收利用。应急时，可喷洒 0.1%～0.25%硼砂水溶液。

② 缺钙时，每亩施用消石灰 80～100 千克，要深施使其分布在根层内，以利于植株吸收。应急时，可喷洒 0.3%氯化钙水溶液，每 5 天喷 1 次。

③ 缺氮时，追施速效氮肥，如尿素、碳酸氢铵等，或用 0.3%的尿素溶液进行叶面喷肥，很快就可使株茎转绿。

④ 缺磷时，应结合浇水追施速效磷肥过磷酸钙或磷

酸二铵。也可用2%的过磷酸钙浸出液进行叶面喷肥。

⑤ 缺钾时，每亩要结合浇水施硫酸钾或氯化钾5～10千克或草木灰100千克，应急时喷施磷酸二氢钾200～250克，兑水50千克，配成0.4%～0.5%的水溶液。提倡施用硅酸盐细菌生物钾肥300倍液，每亩也可用绿丰生物肥50～80千克穴施。

4. 绿菜花焦蕾和黄化的发生原因是什么？如何防治？

(1) 症状　绿菜花在栽培过程中，经常产生毛花或形成焦蕾，有的花球松散、花蕾枯萎或黄化。出现这种情况，将严重影响绿菜花的食用价值和商品性。

(2) 发生原因　绿菜花适于夏秋栽培。如早春栽培时，其生长前期处在低温期，植株虽然生长缓慢，但遇低温有利于花芽分化，则现蕾早，容易产生小花球，但生长后期进入高温期或棚室温度过高，花蕾发育受抑，易出现毛花、焦蕾等异常花球；花球临近采收期气温升高，花球生长发育快，如采收不及时，花蕾变得松散，且容易黄化，尤其白天温度过高，造成花球枯萎及黄化，贮存时间长的也易出现上述情况。

(3) 防治措施

① 选用生长前期对低温不太敏感的中早熟品种或早

熟品种，如绿岭、上海 1 号、绿帝、青绿、早生绿等。

② 适期播种。播种过早，因定植后气温低，植株遇低温花芽即分化，这时营养不良，叶少、叶小导致提早现蕾，则花球小；播种过晚，气温迅速回升，花蕾发育期正值高温期，容易出现高温障碍，产生焦蕾。

③ 培育壮苗。培育壮苗的关键是温度管理，播种后夜温保持在 12℃ 以上，白天 30℃ 以下。具 5～6 片真叶时，要适时定植。定植过晚，幼苗老化，花球小。每亩定植 3000 株左右。

④ 适时采收。采收期处在高温阶段的，一定要适时采收，而且要安排在早晨进行，以避免枯蕾、黄化，延长花球新鲜时间。

⑤ 贮藏。绿菜花不宜久藏，采收后应尽快食用。否则，应低温贮藏。

5. 绿菜花烂种、不出苗或出苗不整齐的发生原因是什么？如何防治？

主要原因是温度过高或过低，种子难以发芽；或水分过多，造成土表板结、不透气而沤种；或播种过深、播种不均匀，未及时揭去地表覆盖物等。

控制技术措施：掌握正确的播种方法，并做好控温、控湿工作，及时揭除地表覆盖物。

6. 绿菜花秧苗徒长的发生原因是什么？如何防治？

秧苗徒长不仅会降低产量，而且易诱发病虫害。引起徒长的主要原因：光照不足和温度过高，尤其是夜间温度过高，呼吸作用消耗了过多的养分；氮肥和水分过多，播种过密，揭盖不及时，秧苗不及时假植等。

防止徒长的措施：播种不宜太密，以免出苗后幼苗拥挤，出现高脚苗；及时揭除地表覆盖物；及时间苗、假植和定植；加强通风透光，调节温度和湿度，控制秧苗的过度生长；合理进行肥水管理，严格控制氮肥的施用。

7. 绿菜花冻害的症状是什么？如何防治？

绿菜花在育苗期、早熟栽培或反季节越冬栽培时，可发生冻害或冬害。苗期发生冻害，受害轻的叶片变白或呈薄纸状，受害重的似开水烫过。

防治方法：从选用耐寒品种和栽培管理入手；加强低温炼苗，特别要控制较低的夜温，保持一定的昼夜温差；增加秧苗的受光时间和提高光照强度，增强秧苗的光合作用；控氮增磷钾，促根系发育，增强其抗寒力；中耕培土，疏松土壤，提高地温；控制早薹早花，寒流后及时查苗，注意清沟和培土，解冻时撒施 1 次草木灰或谷壳灰；喷洒 27%高脂膜乳剂 80～100 倍液。必要时可喷洒抗霜素 1 号和抗霜剂 1 号；喷洒植物抗寒剂 K-3，每亩喷洒 100～300 毫升；对轻微受害的田块，可喷洒促丰宝 1 号 600～800 倍液。

第七章 绿菜花病虫害防治

1. 如何识别绿菜花立枯病？防治方法是什么？

(1) 症状 绿菜花立枯病又称黑根病，是绿菜花的重要苗期病害。发病初期，幼苗根茎部变黑或缢缩，潮湿时其上生灰白色霉状物；植株染病后，数天内即见叶萎蔫、干枯，继而造成整株死亡。定植后，该病一般停止扩展。

(2) 病原及发病规律 病原为立枯丝核菌，属真菌。其以菌丝体或菌核在土中越冬，且可在土中腐生2～3年，菌丝能直接侵入寄主，通过水流、农具传播。病菌发育适温为24℃，播种过密、间苗不及时、温度过高易诱发本病。

(3) 防治方法 ①春季栽培的宜选择生长前期对低温不太敏感的品种，如绿岭、绿帝、青绿、早生绿、碧松、绿花2号、上海1号等。②适期播种，不宜过早或过迟。③注意床土消毒。播种前，每平方米苗畦用50%多菌灵可湿性粉剂8～10克与30千克细土混合均匀。播种前将苗畦一次浇透水，待水渗下去后，取1/3药土铺于畦底；播种后，再把其余2/3药土覆盖在种子上，使种子夹在两层药土中间，保持畦面湿润。如果采用营养钵（袋）育苗，可按上述办法灵活掌握。④加强苗床管理，避免低温高湿条件的出现。⑤药剂防治。常用的药剂有75%百菌清可湿性粉剂600倍液，或75%代森锰锌可湿性粉剂500倍液，或25%甲霜灵可湿性粉剂800倍液。亦可喷洒70%敌克松可湿性粉剂600～800倍液，但敌克松易光解，要现用现配。

2. 如何识别绿菜花霜霉病？防治方法是什么？

(1) 症状 绿菜花叶片染病，通常下部叶片出现边缘不明显的受叶脉限制的黄色斑，呈多角形或不规则形。有的在叶面产生稍凹陷的紫褐色或灰黑色不规则病斑，生有黑褐色污点；潮湿时，叶背可见稀疏的白霉。叶背面病斑上，也有明显的黑褐色斑点，略突起，上有白色霉层，染病严重的，叶片枯黄脱落。花梗染病，病部易折倒，影响结实。

(2) 病原、发病规律及防治方法　参见花椰菜霜霉病。

3. 如何识别绿菜花褐斑病(又称黑斑病)？防治方法是什么？

(1) 症状　主要危害叶片、花球和种荚。下部老叶先发病，初在叶片正面或背面生圆形或近圆形病斑，褐色至黑褐色，略带同心轮纹；有的四周现黄色晕圈，湿度大时长出灰黑色霉层，严重时叶片枯黄脱落，新长出的叶也生病斑。花球和种荚染病，发病部位可见黑色煤烟状霉层。

(2) 病原及发病规律　参见花椰菜黑斑病。

(3) 防治方法　①增施基肥，注意氮磷钾配合，避免缺肥，增强寄主抗病力。②种植碧杉、碧松等优良品种。③及时摘除病叶，减少菌源。④发病初期喷洒75%百菌清可湿性粉剂600倍液，或70%代森锰锌500倍液，或50%扑海因可湿性粉剂1500倍液，或50%速克灵可湿性粉剂2000倍液，隔7～10天喷1次，连续防治2～3次。采收前7天停止用药。

4. 如何识别绿菜花黑胫病？防治方法是什么？

(1) 症状　苗期、成株期均可染病。苗期染病，子叶、真叶或幼茎出现灰白色不规则形病斑。茎基部染病向根部蔓延，形成黑紫色条状斑，茎基溃疡严重的病株易折断而干枯。成株染病，叶片上产生不规则至多角形灰白色大病斑，上生许多黑色小粒点；花梗、种荚染病，与茎上类似。种株贮藏期染病，叶球干腐，剖开病茎，病根部维管束变黑。

（2）发病规律及防治方法　参见花椰菜黑胫病。

5. 如何识别绿菜花黑腐病？防治方法是什么？

（1）症状　绿菜花黑腐病危害叶片和球茎。子叶染病，呈水浸状，后迅速枯死或蔓延到真叶上。真叶染病有两种类型：一是病菌由水孔侵入的，引致叶缘发病，从叶缘开始形成向内扩展的“V”字形枯斑，病菌沿叶脉向下扩展，形成较大坏死区或不规则黄褐色大斑，病斑边缘叶组织淡黄色；二是从伤口侵入的，可在叶部任何部位形成不定形的淡褐色病斑，边缘常具黄色晕圈，病斑向两侧或内部扩展，致周围叶肉变黄或枯死。病菌进入茎部维管束后，逐渐蔓延到球茎部或叶脉及叶柄处，引起植株萎蔫而不再复原，剖开球茎，可见维管束全部变为黑色或腐烂，但没有臭味。在干燥条件下，球茎黑心，严重的绿菜花叶缘多处受侵害，造成全叶枯死或外叶局部或大部腐烂。在花球上危害，使花球出现黑色斑点。

（2）病原、发病规律及防治措施 参见花椰菜黑腐病。

6. 如何识别绿菜花病毒病？防治方法是什么？

（1）症状 绿菜花苗期染病，叶片产生褪绿近圆形斑点，直径2～3毫米，以后整个叶片颜色变淡或变为浓淡相间的绿色斑驳。成株染病，除嫩叶出现浓淡不均的斑驳外，老叶背面还生有黑色坏死斑点，病株结球晚且松散。种株染病，叶片上出现斑驳，并伴有叶脉轻度坏死。

（2）病原 芜菁花叶病毒是引致该病的主要毒源。

（3）发病规律 参见花椰菜病毒病。

（4）防治方法 ①选用抗病品种。种子经78℃干热处理48小时可避免种子传染病毒。②调整蔬菜布局，合理间作、套作、轮作，发现病株及时拔除。③适期早播，躲过高温及蚜虫猖獗季节。④适时蹲苗，应据天气、土壤和苗情掌握，轻蹲苗。蹲苗时间过长，会妨碍根系生长发育，植株容易染病。⑤加强水分管理。为了防止地温升高，播后浇水有利于降低地温。连续浇水，地温稳定，可防止病毒病的发生。⑥苗期防蚜至关重要。要尽一切可能把传毒蚜虫消灭在毒源植物上。尤其春季气温升高后，对采种株及春播十字花科蔬菜的蚜虫更要早防。⑦药剂防治。发病初期，喷洒20%毒克星可湿性粉剂500倍液，或5%菌毒清可湿性粉剂500倍液，或0.5%抗毒剂1号水剂300倍液，或20%病毒宁水溶性粉剂500倍液，或83增抗剂100倍液，隔10天喷1次，连续防治2～3次。

7. 如何识别绿菜花软腐病？防治方法是什么？

(1) 症状 绿菜花软腐病一般于结球期发生。发病初期，外叶或叶球基部出现水浸状斑，植株外层包叶中午萎蔫，早晚恢复，数天后外层叶片不再恢复，病部开始腐烂，叶球外露或植株基部逐渐腐烂成泥状，或塌倒溃烂，叶柄或根茎基部的组织呈灰褐色软腐。严重的全株腐烂，病部散发出恶臭味，以此区别于黑腐病。

(2) 病原及发病规律 该病为细菌性病害，其病原为胡萝卜软腐欧文氏菌。该菌生长发育最适温度为25～30℃，在pH值5.3～9.2均可生长，其中以pH值7.2为最适。不耐光或干燥，在日光下暴晒2小时，大部分死亡。在脱离寄主的土中只能存活15天左右，通过猪的消化道后则完全死亡。该菌在南方温暖地区，无明显越冬期，在田间周而复始地辗转传播蔓延。北方主要在田间病株、窖藏种株或土中未腐烂的病残体及害虫体内越冬，病原细菌在含水量20%～28%土壤中，可存活50～60天，通过雨水、灌溉水、带菌肥料、昆虫等传播，从伤口侵入。此外，据报道，软腐病菌在整个生育期内均可由根毛区侵入，潜伏在维管束中或通过维管束传到地上各部位，在遇厌气性条件时才大量繁殖引起发病，该过程称为潜伏侵染。绿菜花的自然裂口、虫伤、病痕及机械伤等伤口是该病菌侵入的主要途径，生产上久旱遇雨，或蹲苗过度，浇水过量，地下害虫多等都会造成伤口而发病。反季节栽培时，遇高温季节发病重。

(3) 防治方法 ①选用中青1号、中青2号等优良品种。避免与茄科、瓜类及十字花科蔬菜连作。②及早腾地、翻地，促进病残体腐烂分解。③仔细平整土地，整治排灌系统，非干旱地区采用高畦直播，南方采用深沟高垄种植。④实行沟灌或喷灌，严防大水漫灌。注意防治绿菜花害虫，以减少伤口。⑤药剂防治。喷洒硫酸链霉素或72%农用硫酸链霉素可溶性粉剂3000～4000倍液，或新植霉素4000倍液，或30%绿得保悬浮剂400倍液，隔10天喷1次，连续防治2～3次。采收前3天停止用药。

8. 如何识别绿菜花细菌性黑斑病？防治方法是什么？

(1) 症状 叶、茎、花梗、种荚均可染病。叶片染病，初生大量淡褐色至发紫边缘的小斑，直径很小，大的可达0.4厘米。当坏死斑融合后形成大的不整齐的坏死斑，可达1.5～2.0厘米以上。病斑最初大量出现在叶背面，每个斑点发生在气孔处。病菌还可危害叶脉，致叶片生长变缓，叶面皱缩，并进一步扩展；湿度大时形成油渍状斑点，褐色或深褐色，扩大后成为黑褐色，不整形或多角形，似薄纸状，开始时外叶发生多，后波及内叶。茎和花梗染病，初为油渍状小斑点，后为紫黑色条斑。荚上病斑圆形或不规则形，略凹陷。

(2) 病原及发病规律 病原属细菌。病菌适宜生长温度为30～35℃。该菌在自然界分布很广，属土壤腐生菌，多从伤口侵入。绿菜花生长季节遇连阴雨天气或田间湿度大、气温高，病害扩展迅速，能造成危害。

(3) 防治方法 ①清除田间病残体，集中深埋或烧毁。②实行2年以上轮作。③发病初期，用农用硫酸链霉素可溶性粉剂3000～4000倍液或新植霉素4000倍液喷洒，每亩喷40～50升，隔10天左右喷1次，连续防治2～3次。

9. 如何识别绿菜花角斑病？防治方法是什么？

(1) 症状 该病主要危害叶片，引起角斑，病部浅灰白色，有时出现褐色边缘的叶斑。

（2）病原及发病规律 病原为真菌。病菌主要以子座或菌丝块在病叶上越冬，翌年条件适宜时产生分生孢子，借气流传播蔓延。南方冬春温暖，雾大露重，本病易发生。

（3）防治方法 ①实行轮作，加强田间管理。②发病初期喷洒40%多•硫悬浮剂500倍液，或50%苯菌灵可湿性粉剂1000～1500倍液，或70%甲基硫菌灵可湿性粉剂500倍液，或50%多霉威（多菌灵加万霉灵）可湿性粉剂1000倍液，隔7～10天喷数次，连续喷2～3次。

10. 如何识别绿菜花灰霉病？防治方法是什么？

（1）症状 主要危害花序，也危害茎、叶，病部组织呈淡褐色水渍状，后软腐遍生灰色霉状物，后期病部产生黑色小粒点。

（2）病原及发病规律 病原为真菌。以菌丝、菌核或分生孢子越夏或越冬。越冬的病菌在病残体中营腐生生活，不断产出分生孢子进行再侵染。如条件不适宜，病部产生菌核，在田间存活期较长，遇到适合条件，即长出菌丝直接侵入或产生孢子，借雨水溅射或随病残体、水流、气流、农具及衣物传播。腐烂的病荚、病叶、病卷须、败落的病花落在健部即可发病。生产上，在有病菌存活的条件下，只要具备高湿和20℃左右的温度条件，病害即流行。病菌较多，为害时期长，菌量大，防治比较困难。

(3) 防治方法 ①选用优良品种。②加强保护地或露地田间管理，严密注视棚内温湿度，及时降低棚内及地面湿度。③栽培甘蓝类蔬菜的棚室，于发病初期采用烟雾法或粉尘法，如施用10%速克灵烟雾剂，每亩用200～250克，或喷撒10%灭克粉尘剂，每亩喷1千克。④棚室或露地发病，应及时喷洒50%速克灵可湿性粉剂2000倍液，或50%扑海因可湿性粉剂1000～1500倍液，或65%甲霉灵可湿性粉剂1000～1500倍液，或40%多·硫悬浮剂600倍液，每亩喷药液50～60升，隔7～10天1次，连续防治2～3次。

11. 菜蚜的为害特点和防治方法是什么？

参见花椰菜。

12. 菜粉蝶的为害特点和防治方法是什么？

参见花椰菜。

 菜螟的为害特点和防治方法是什么？

菜螟又名菜心虫。

(1) 为害特点与习性　在北方地区，菜螟1年发生3～4代。春、秋季均有发生，以秋季的为害最重。成虫白天潜伏在叶下，夜间出来活动。幼虫孵化后爬向幼苗，吐丝缀叶，咬食心叶，轻者使幼苗生长停滞，重者使幼苗死亡，造成缺苗断垄。3龄后，幼虫钻蛀茎髓，形成隧道，甚至钻食根部，造成根部腐烂。绿菜花播种期越早，受害越严重。

(2) 防治措施　①以药剂防治为主。当绿菜花生长出3～6片真叶时，施药重点是菜苗的心叶。第一次喷药后，每隔5～7天喷药1次，共喷3～4次。可选用5%抑太保乳油或5%农梦特乳油4000倍液喷雾。也可用20%灭幼脲1号或25%灭幼脲3号悬浮剂500～1000倍液喷雾。此外，还可选用50%辛硫磷乳油1000～1500倍液喷杀。②实施生物防治。苏云金杆菌Bt乳剂、杀螟杆菌或青虫菌粉兑水800～1000倍喷雾防治，在气温20℃以上时使用效果最好。③进行农业防治。在绿菜花收获后，及时清洁田园；播种时，避免与十字花科蔬菜连作与邻作，以减少和消灭虫源。

14. 黄条跳甲的为害特点和防治方法是什么？

（1）为害特点与习性 黄条跳甲的成虫和幼虫均能为害绿菜花。它1年中在华北地区发生4～5代，在华东地区发生4～6代，在华南地区发生7～8代。春、秋两季为害较重，在北方其秋季为害比春季重。成虫主要食害叶片，把绿菜花叶子咬出许多小孔。刚出土的小苗往往被吃光，造成缺苗毁种。在留种地还能为害花蕾和嫩芽。幼虫在土内3～5厘米深处为害根部，咬食根皮，蛀出许多弯曲虫道；或咬断须根，引起小苗枯死。

（2）防治措施 以治成虫为主，以治幼虫为辅。对于黄条跳甲，应以农业防治为基础，实行综合防治。①农业防治。清理田园，在绿菜花收获后，清除地里残株落叶，勤除杂草，消灭成虫及幼虫的滋生场所。实行十字花科蔬菜和其他作物的合理轮作，断绝黄条跳甲的过渡食物源。有条件的地区，在绿菜花播种前7～10天深耕晒垡。这不仅可使地里环境不利于其幼虫的生活，同时还有灭蛹的作用。②加强苗期管理。在幼苗期及定苗后及时中耕，促进根系发育，降低土表湿度，压低虫卵的孵化率。③药剂防治，杀灭成虫。如发现田间有害虫，可用90%晶体敌百虫1000倍液，或25%灭幼脲乳油1000倍药液喷杀。防治重点在绿菜花苗期，苗出土后如果发现有虫害，应立即用药防治。在施药时，最好从菜田四周向中央喷洒，以防止成虫逃走。

15. 金针虫的为害特点和防治方法是什么？

(1) 为害特点 幼虫在土中取食播下的种子、萌发的幼芽、幼根，致使作物枯萎死亡，造成缺苗断垄，甚至全田毁灭。

(2) 发生规律 2～3年发生1代，以幼虫和成虫在土中越冬。雌成虫无飞翔能力，雄成虫善飞，有趋光性。5月上旬幼虫孵化，在食料充足的条件下，当年体长可至15毫米以上。第三年8月下旬，幼虫老熟，于16～20厘米深的土层内做土室化蛹。9月中旬开始羽化，当年在原蛹室内越冬。在华北地区3月中旬幼虫开始活动；3月下旬开始为害，4月上中旬为害最严重。6月，金针虫下潜至深土层越夏。9月下旬至10月上旬，土温下降到18℃左右时，幼虫又上升到表土层活动。10月下旬，随土温下降幼虫开始下潜，到11月下旬10厘米土温平均为1.5℃时，金针虫潜入27～33厘米的深土层越冬。

(3) 防治方法 ①冬前深翻土地25～30厘米，把越冬的成虫、幼虫翻至地表，使其冻死、晒死或被天敌捕食。②施用腐熟的有机肥。改变土壤的通气、透水性能，使作物生长健壮，增强其抗病抗虫性。③轮作换茬也是防病防虫的有力措施，一般 3～4 年轮作 1 次较好。④用 90％敌百虫 0.15 千克兑水成 30 倍液拌谷秕制成毒谷。配制方法是，将谷秕煮半熟，晾半干拌药。每亩施 1.5～2.5 千克，撒于土表面，再用锄头将表土松一松，这样可以增加防治效果。用 90％敌百虫 0.15 千克兑水成 30 倍液，与经炒香的麦麸或豆饼（或棉籽饼）5 千克制成毒饵，在无风闷热的傍晚施用效果更好。

16. 非洲蝼蛄的为害特点和防治方法是什么？

（1）为害特点 成虫和幼虫均在土中为害绿菜花根茎，易使绿菜花根系脱离土壤而造成缺水死亡。为害严重时，造成缺苗断垄。

（2）发生规律 北方约 2 年发生 1 代，南方 1 年发生 1 代。以成虫或幼虫在地下越冬，清明节后上升到地表活动，5 月上旬至 6 月中旬是其最活跃的时期，也是第一次为害高峰。6 月下旬至 8 月下旬，天气炎热，蝼蛄转入地下活动，6～7 月为产卵盛期，9 月气温下降，其再次上升到地表，形成第二次为害高峰。10 月中旬以后，蝼蛄陆续钻入深处土层越冬。蝼蛄昼伏夜出，以夜间 9～11 时活动最盛。早春或晚秋气候凉爽，则仅在表土层活动，不到地面上来。蝼蛄具有趋光性，对香甜物质等也有强烈趋性。成虫、若虫均喜欢在软潮的壤土或沙壤土上活动，最适宜在气温13～20℃、距土面20厘米、土温为15～20℃的条件下活动。温度过高或过低，该虫潜入深土层中隐藏。

(3) 防治方法 可用毒谷或毒饵诱杀。毒谷是用90%的敌百虫0.15千克兑水成30倍液，拌谷秕而成。要先将谷秕煮至半熟，晾凉后拌药，每亩施1.5～2.5千克。毒饵是用90%敌百虫0.15千克兑水成30倍液，拌炒香的饵料（麦麸、豆饼、玉米碎粒等）而成，每隔3～4米刨1个碗大的浅坑，放毒饵后覆土，每隔2米左右放1行毒饵，每亩用1.5～2.0千克毒饵。

17. 斜纹夜蛾的为害特点和防治方法是什么？

(1) 为害特点 幼虫咬食绿菜花叶片，有时能咬断茎蔓，造成绿菜花地上部枯死。

(2) 发生规律 在华北地区1年发生4～5代，长江流域为5～6代，在我国广东、广西、福建和台湾等地区可终年繁殖。成虫夜间活动，飞行力强，有趋光性，并对糖、醋、酒及发酵的麦芽、豆饼、牛粪等有趋性。营养不足时，产卵很少。卵多产于高大、茂密的田边作物上，以产于植株中部叶片背面叶脉分叉处最多。初孵幼虫群集取食，3 龄前仅食叶肉，残留上表皮及叶脉，叶呈白纱状后转黄，容易识别。4 龄后进入暴食期，多在傍晚出来为害。幼虫共 6 龄，老熟幼虫在 1～3 厘米内的表土中做土室化蛹。土壤板结时，可在枯叶层下化蛹。各地在 7～10 月受害严重。

(3) 防治方法 可利用成虫的趋光性和趋化性进行诱杀，如用黑光灯、杨树枝把或豆饼发酵液等加少许糖、敌百虫诱杀斜纹夜蛾，同时也可诱杀小地老虎、棉铃虫等周边害虫。药剂防治一般可用 90%的晶体敌百虫 1000～1500 倍液，或 25%的灭幼脲乳油 500～1000 倍液喷雾防治，效果良好。

18. 蛴螬的为害特点和防治方法是什么？

(1) 为害特点 在土中为害绿菜花茎根，咬食种子，并能直接咬断绿菜花幼苗的根系，致使全株死亡，造成缺苗断垄。成虫对绿菜花叶片的为害不重。

(2) 发生规律 我国北方地区 1～2 年发生 1 代，以幼虫和成虫在土中越冬。5～7 月成虫大量出现，成虫有假死性和趋光性，并对未腐熟的堆厩肥有强烈趋性。其白天藏在土中，晚间8～9时为取食、交配活动盛期。一般交配后10～15天开始产卵（产于松软湿润的土壤中，每只雌虫可产100粒左右）。卵期15～22天，幼虫期340～400天。冬季在55～150厘米的深土层中越冬，蛹期约20天。该虫始终在地下活动，与土壤温度、湿度的关系密切。一般当10厘米深处土温达5℃时，该虫开始上升到表土层；土温达13～18℃时活动最盛；土温达23℃以上时则往深土层中移动。土壤湿润则活动性强，小雨连阴天时为害尤甚。

（3）防治方法　①由于蛴螬为土栖昆虫，生活和为害于地下，具隐蔽性，并且在绿菜花苗期为害猖獗，一旦发现严重为害，往往已错过防治适期，因此，要加强预测预报工作。一般通过田间掘土观测蛴螬数量和为害情况。每平方米若发现3头以上，则是蛴螬大发生期，必须采取防治措施。②秋耕或初冬翻地可直接消灭一部分蛴螬，而且将大量蛴螬暴露于地表，可使其被冻死、晒死或被天敌捕食。③施用充分腐熟的有机肥料。④蛴螬发生较重的田块，前茬要避免种植豆类、花生、甘薯和玉米等作物。⑤药剂防治。在蛴螬发生盛期，每亩用90%的敌百虫0.1～0.15千克兑水稀释后，拌细土15～20千克撒施，毒土上面再覆盖1层土。也可用90%的敌百虫800倍液灌根。每株绿菜花平均灌药液0.1～0.2千克，具有较好的效果。

19. 小地老虎的为害特点和防治方法是什么？

（1）为害特点 幼虫为害绿菜花近地面的根系和幼苗，能造成绿菜花苗整株死亡，严重的会导致大面积缺苗断垄。

（2）发生规律 小地老虎每年发生代数，由北向南逐渐增多。东北每年发生 2 代，华北 3～4 代，长江流域为 4～5 代，广东、广西、福建等地区约为 6 代。成虫夜间活动和交配产卵，卵产在 5 厘米以下的小杂草上。每头雌虫平均产卵 800～1000 粒。成虫对黑光灯及糖、醋、酒等趋性较强。幼虫共 6 龄。3 龄前在地表杂草或绿菜花的幼嫩根系部位取食，危害尚不大；3 龄后白天在表土中潜伏，夜间出来为害，动作敏捷，常自相残杀。老熟幼虫有假死习性，受惊缩成环形。喜温暖、潮湿条件，最适发育温度为 13～25℃。如果绿菜花地周围杂草多、蜜源植物多，将会造成严重的大虫源。

（3）防治方法 ①早春清除田间周缘杂草，防止小地老虎成虫产卵。用黑光灯、糖醋液也可诱杀成虫，这些措施一般均与周边农田的小地老虎防治一起进行。②绿菜花播种前，可用堆草诱杀成虫，即将小地老虎喜食的灰菜、刺儿菜、小旋花、鹅儿草等堆放在田边诱集小地老虎幼虫，然后人工捕杀或拌入药剂毒杀。③化学防治主要在小地老虎1～3龄幼虫期进行，因为这个时期小地老虎的耐药性差，并且尚未入土，暴露在绿菜花植株或地面上，用药效果比较好。一般用90％的敌百虫1000倍液，或50％的辛硫磷800倍液，或1.8％的阿维菌素乳油2500～3000倍液喷雾防治。

第八章

绿菜花贮藏与加工技术

1. 绿菜花如何进行贮藏？

绿菜花的花球由肉质的花茎与花蕾组成，含有大量水分，收获后在常温下花蕾易开放（在25～30℃时，经24小时花蕾即开放），发黄变质，不易贮藏，为保持其新鲜度需进行冷藏。

绿菜花的最适贮存温度为0℃，相对湿度为95%以上。采收后的绿菜花呼吸速率甚高（与甜玉米、芦笋及菠菜类似），因此，必须快速降温，以降低呼吸作用，保持青绿色和维生素C含量，使其处于良好的市售状况。

绿菜花可以水冷或用碎冰冷却，冷却后最好贮存于接近0℃的低温。未包装的绿菜花在较高温度下贮存，比保鲜膜包装者早黄化。在较低温度下贮存时，包装与否不影响黄化的发生，但未包装的容易严重脱水，而提早结束贮存期。控制二氧化碳浓度为6%～10%，氧气浓度为1%～2.5%，并配合低温（0～5℃）贮存，可维持较好品质，延长贮存期。但当二氧化碳浓度达到10%以上、氧气浓度达到0.1%～0.25%时，则会产生异味。因此，可用保鲜膜或打洞塑胶袋包装，以维持适度的通气条件。绿菜花切忌与苹果、梨等易产生乙烯的青果混合贮存，否则将加速黄化。绿菜花贮存温度与贮存时间的关系如表8-1所示。

表8-1 绿菜花贮存温度与贮存时间的关系

贮存温度/℃	0	5	10	15	室温/(25℃)
包保鲜膜贮存天数	25～30	14～16	4～6	2～3	1～2
未包保鲜膜贮存天数	10～14	4～5	2～3	1～2	1

有学者报道，绿菜花采收后，进行预冷，再转入(0±1)℃贮藏，并以0.03～0.05毫米PE薄膜袋密封包装，可保鲜30～45天，商品率90%以上，同时证明低温可降低绿菜花的呼吸消耗，低O_2和一定量的CO_2积累可有效抑制乙烯在体内的合成。另据报道，绿菜花在5℃及7.5℃贮藏中，0.25%～1% O_2和10% CO_2对其黄化有抑制作用。

此外，绿菜花可在冰箱内（保持温度2～5℃）进行短期贮存，若用 0.03 毫米的聚乙烯塑料薄膜包好，可延长贮藏期。绿菜花用水焯一下贮藏，既可保持色泽翠绿，食用时又方便，这样可贮藏 4 天左右。

2. 我国出口绿菜花分为哪两种方式？

我国出口绿菜花有鲜菜和速冻两种方式。鲜菜出口是把绿菜花洗净后包装直接出口。速冻绿菜花主要以冻干绿菜花和速冻绿菜花两种方式出口。

3. 绿菜花速冻的工艺流程是什么？

速冻绿菜花工艺流程如下：原料收购→选别→清洗→杀菌→切分→分级→漂烫→预冷却→再杀菌→脱水→冻结→金属探测→计量包装→贮存。

（1）原料收购 要求绿菜花品质新鲜，成熟适宜，色泽自然鲜绿，无腐败、变质，无病虫害，机械伤无或轻微，花形周整，有明显光泽，口感脆嫩，无粗纤维感。球体端正，结球紧实，无裂球，无冻伤，无伤残，无裂口。

（2）选别 原料进厂后，应尽快处理，要求当天必须加工完毕，防止因迟缓加工而造成变质。在 15℃ 以下室温，对原料进行选别，除去畸形、带伤、有病虫害、成熟过度或不成熟的绿菜花。

（3）清洗　清洗时要求将绿菜花表面的泥土、脏物和沙子等洗掉。可用适当压力水枪冲洗菜花体内夹带的沙粒等。

（4）杀菌　清洗后用 20 毫克/升的次氯酸钠浸泡绿菜花。

（5）切分　按照客商要求对绿菜花进行切分，一般绿菜花按直径切分为 2～5 厘米或 3～5 厘米的菜块，也有的分为 1～2 厘米、2～4 厘米、4～6 厘米 3 种规格。

（6）分级　将菜块按大小级别进行分级。

（7）漂烫　漂烫的作用，一是防止蔬菜细胞冻结致死后氧化酶活性增强而出现褐变；二是排除蔬菜组织内的气体；三是消灭沾附在蔬菜表面的虫卵和微生物。绿菜花的漂烫温度为 100℃，漂烫时间为 3～5 分钟。

（8）预冷却　即所谓的激冷。激冷的目的是为了避免余热继续使某些可溶性物质发生变化，而导致物料过热、颜色改变或重新污染微生物。冷却槽内的水温一般应低于 5℃，但不能达到结冰状态。

（9）再杀菌　用 80 毫克/升的次氯酸钠再次杀菌。

（10）脱水　其目的是为了防止将残留的水带进包装内影响外观形状和质量，一般采用机械沥水的方式，沥水时间以 10～15 分钟为宜。

(11) 冻结 沥水后的绿菜花由提升机输送到振动布料机中，布料机的布料质量对于实现均匀冻结和提高冻结质量具有很重要的作用，避免物料成堆或空床，以免影响其冻结能力和冻结质量。将完全冷却的绿菜花放入单冻机中迅速冷冻。

(12) 金属探测 将完全冻结的绿菜花通过金属探测器检测金属碎片。

(13) 计量包装 包装是加工环节的最后一道工序，要仔细将不合格品捡出，包装封口要牢固，不允许开口、破袋，包装间温度控制在0～5℃，包装好的产品要及时入库，要求从包装到入库不超过15分钟。包装箱外标明品种、规格、批次号、厂代号和生产日期，外包装要牢固美观。

(14) 贮存 完成上述工序后，要迅速将产品送到－18℃冷库内贮存。

4. 冻干绿菜花怎样制作？

采用冷冻干燥法生产的冻干绿菜花，可除去大部分水分，且不损失叶绿素和多种营养成分，其口感脆嫩，外形美观，色泽碧绿。采用适当的包装方法，可贮存3年以上。

(1) 冻干机型 冻干机型为日本共和真空冻干机。

(2) 预处理 选择嫩茎长度为2厘米左右的花枝进行烫漂处理，以抑制各种酶的活性，减少各种酶促反应，并最大限度地保持其原有的营养和色、香、味、形。花枝横向切断，并把茎部切口朝上放在冻干盘中，这样既能保证升华过程中水蒸气顺利逸出，又能提高已干燥部分的传热系数，加快干燥过程。

(3) 冻干工艺操作过程 冻干过程分为冻结、升华和解吸3个阶段。冻干流程如图8-1所示。

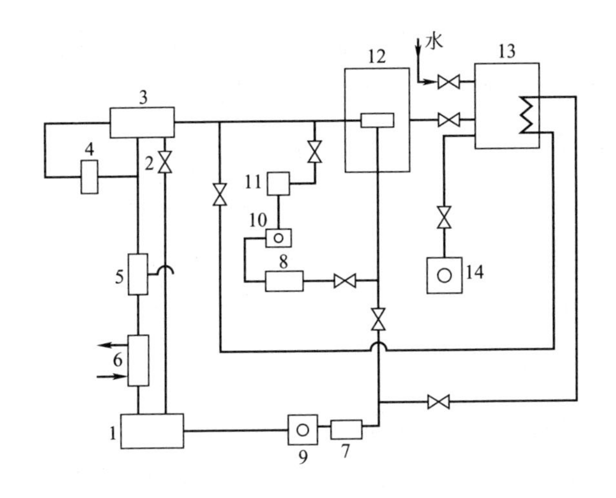

图8-1 冻干流程示意图

1—制冷介质贮槽；2—膨胀阀；3,6—冷却器；4—气液分离器；5—制冷压缩机；7—载冷介质贮槽；8—载热介质贮槽；9,10—泵；11—加热器；12—冻干室；13—冷凝器；14—真空泵

5. 绿菜花冻干工艺包括哪几个阶段？

（1）冻结 制冷压缩机5使冷却器3降低温度，载冷介质从贮槽7由泵送入冷却器3管内得到冷却；低温介质再进入冻干室12的层板内，使冻干室降温；冻干物料置于冻干室12的层板上被冷冻；待物料内部的水全部冻结后，停止向层板内泵进载冷介质，即停止冷冻。绿菜花冻结温度为－40℃。

（2）升华 开启冻干室12及冷凝器13之间的阀门，将冻干室抽真空。在此之前，制冷压缩机5对载冷介质作用，使冷凝器13产生低温。从载热介质贮槽8由泵10输送载热介质，经加热器11升温后，进入冻干室12的板层内，对被冻干物料加热。这样，物料中的冰晶便升华至冷凝器13内凝结。由于冰升华时需要热量，所以，适当加热不会使物料内的冰融化。绿菜花升华时间为15小时，采用真空度为10.7～13.3帕。

（3）解吸 待冰全部升华后，继续加热，可迅速地使产品上升到规定的最高温度。在保持最高温度数小时后，关闭冻干室与冷凝器之间的阀门和连真空泵的阀，将物料从冻干室12取出，迅速进行包装。然后，再向冷凝器13通入热水，使升华冻结的冰融化为水而排出。至此，便完成了冻干的全过程。绿菜花解吸时间为9小时，板温为

50℃，真空度为10.7～13.3帕。

(4) 包装贮藏 冻干绿菜花可采用铝箔复合膜袋包装，应先抽真空再充氮密封包装，然后在室温下贮存。薄膜袋规格为15厘米×20厘米。封口条件：温度为140℃，抽真空时间为8秒，充氮时间为12秒。

抽真空的速度与时间对冻干绿菜花的质量有明显影响。抽速过快或抽时过长，易使绿菜花花粒散落，成为“秃花”，严重影响外观。同时，破碎的花粒也无法食用。当然，能否保持完整的绒球状小花枝，不仅与合适的抽真空时间和抽真空速度有关，也与冻干绿菜花的含水量有关。充氮气的速度过快，也会把绿菜花的花球吹秃，影响外观质量和食用价值。

(5) 制品质量特点 冻干绿菜花的脱水率高，自由水含量低于1%，所以重量轻，运输、携带都极为方便，且低含水量可减弱食品中酶的催化作用，延缓微生物的代谢过程，抑制以水为媒介的生理生化反应，达到长期贮存保鲜的目的。同时又具有高的复水率，使冻干绿菜花色泽、口感俱佳。另外，复水时养分流失甚少，使冻干绿菜花基本保持了新鲜绿菜花的鲜美风味。

6. 保鲜绿菜花的加工工艺流程是什么？

保鲜绿菜花加工工艺流程为：采收→运输→分级修

整→预冷→包装→运输。

(1) 采收 绿菜花耐贮性较差，保鲜期短，采收后在20～25℃下24小时花蕾即变黄，失去商品价值。因此，应抓好采收和采后的每个环节。绿菜花的适收期很短，如遇到气温上升至25℃以上时，在2～3天内小花朵就开花，老化迅速。所以，必须根据品种特性，适时采收。当主花球已充分长大，花蕾尚未开散，花球紧实，颜色鲜绿时采收。采收过早，影响产量；采收过迟，花球松散，花蕾容易变黄，不符标准。因此，应每天陆续采收，不宜中断。采收时注意避免造成机械伤，因为损伤可造成产品腐烂，失水加重，产品呼吸率及乙烯生成率增加等，导致产品迅速变质。采收应在上午6～7时进行，严禁在中午或下午采收。采收时从花蕾顶部往下约16厘米处切断，除去叶柄及小叶，装入塑料周转箱中。采摘绿菜花时，田间盛放使用的容器应洁净，里外平滑，边缘平展。折叠式塑料筐耐用，易清洁而且可反复使用。码放绿菜花时应注意保护花球，装筐不可过满，以免挤压损伤花球。筐面要覆盖1层叶片，以防水分蒸发。严禁使用柳条筐或竹筐装运。

(2) 运输 采收后的花球如果有机械伤口，呼吸强度会急剧升高，造成体内物质消耗速度加快。采收后应立即运往加工厂。有条件的应使用冷藏车或保温车运输，做到随收随运，尽量减少在田间停留的时间。

(3) 分级修整 修整加工时也应使用不锈钢刀具，按销售标准的要求，剔除过大或过小花球以及畸形花球。花球分为 3 级：S 级的花球直径为 10～11 厘米，花茎长 13 厘米；M 级的花球直径为 11～12 厘米，花茎长 14 厘米；L 级的花球直径为 13～15 厘米，花茎长 16 厘米。茎上的叶柄应切平。

(4) 预冷　即采收后将产品从田间带回的热量去掉，然后再进行其他处理。如预冷不及时，则会缩短产品的采后寿命，降低产品质量。即便是经过反复冷却或升温的产品，其变质速度也比完全没有进行预冷的产品慢得多。采收后的花球应尽快进行预冷，可以采用水预冷，也可采用淋水、浸水的方法。水预冷是比较适合绿菜花的预冷方法，水温应保持在 1℃左右，当茎中心温度达到 2～2.5℃时取出，进行加工处理。

(5) 包装　将分级加工后的绿菜花装入 50 厘米×50 厘米×29 厘米的钙塑箱中。L 级每箱装 24 个花球，M 级每箱装 30 个，S 级每箱装 36 个。分 3 层摆放，每层 2 排，横放，第一层花球朝外，第二层花球朝内，第三层花球朝外。S 级每层约装 12 个，M 级每层约装 10 个，L 级的每层约装 8 个。装箱后立即加入 3～4 千克碎冰，封箱后，放入 0℃库中进行贮藏。不同级别应分别码放，库温应严格掌握在－0.5～0℃之间。温度过低，会发生冷害；温度过高，会加速冰的融化。加冰后的包装箱应尽快组织外运。

(6) 运输 使用冷藏车或冷藏集装箱运输，应首先对其制冷系统进行全面检查，并应在装车前将箱体温度降到0℃。装卸货时间要快，在整个运输过程中，箱体内的温度应严格掌握在0℃。

7. 绿菜花如何进行采种？

绿菜花的花蕾大，分化程度已达花瓣阶段，花蕾较耐低温，开花结实容易。春季栽培时，形成花球后遇适宜条件时就可开花，花枝也容易抽出。为保证有效花枝正常生长和开花结荚，促籽粒饱满，可适当疏去过密的花枝。当前生产上采用的大多是一代杂种，不宜自行留种。

参考文献

[1] 孙培田等．花椰菜丰产栽培[M]．北京：金盾出版社，1991.

[2] 孙德岭等．花椰菜及绿菜花栽培[M]．天津：天津科学技术出版社，1998.

[3] 简元才等．保护地甘蓝花椰菜栽培技术[M]．北京：中国农业大学出版社，1998.

[4] 陈静芬等．蔬菜高产优质高效栽培实用技术[M]．北京：中国农业出版社，1994.

[5] 张彦萍．设施园艺[M]．第2版．北京：中国农业出版社，2009.

[6] 吕佩珂等．中国蔬菜病虫原色图谱[M]．北京：中国农业出版社，1992.

[7] 刘海河等．蔬菜病虫害防治[M]．北京：金盾出版社，2009.

[8] 苏保乐．甘蓝花椰菜青花菜出口标准与生产技术[M]．北京：金盾出版社，2003.

[9] 邱强．原色蔬菜营养诊断图谱[M]．北京：中国科学技术出版社，1995.

[10] 山东农业大学．蔬菜栽培学各论[M]．北京：中国农业出版社，1980.

[11] 张彦萍等．花椰菜、绿菜花安全优质高效栽培技术[M]．北京：化学工业出版社，2012.